“双碳”目标下水泥行业
二氧化碳减排机会指南

Opportunities and Guidelines for Cement Enterprises to Reduce Greenhouse Gas Emissions

郭敏晓◎著

中国经济出版社
CHINA ECONOMIC PUBLISHING HOUSE
北 京

图书在版编目（CIP）数据

“双碳”目标下水泥行业二氧化碳减排机会指南 / 郭敏晓著. -- 北京：中国经济出版社，2024. 11.

ISBN 978-7-5136-7962-6

Ⅰ. F426. 7-62

中国国家版本馆 CIP 数据核字第 2024YZ3521 号

责任编辑　冀　意
责任印制　马小宾
封面设计　久品轩

出版发行　中国经济出版社
印 刷 者　涿州市京南印刷厂
经 销 者　各地新华书店
开　　本　710mm×1000mm　1/16
印　　张　9. 25
字　　数　100 千字
版　　次　2024 年 11 月第 1 版
印　　次　2024 年 11 月第 1 次
定　　价　88. 00 元
广告经营许可证　京西工商广字第 8179 号

中国经济出版社　**网址** http://epc. sinopec. com/epc/　**社址** 北京市东城区安定门外大街 58 号　**邮编** 100011
本版图书如存在印装质量问题，请与本社销售中心联系调换（联系电话：010-57512564）

序一 | PREFACE 1

在全球气候变化的严峻挑战面前，各国都在积极探索减少温室气体排放实现碳中和的路径。我国已明确提出碳达峰和碳中和的战略目标，要力争在2030年前实现碳排放达峰，2060年前实现碳中和。这一承诺不仅是我国对全球气候行动的贡献，也是推动我国经济社会绿色、高质量发展的重大战略决策。实现“双碳”目标，是我们行动的底线，是必须完成的任务。我们力争尽早实现碳达峰，并尽可能降低峰值水平，这对我国未来实现碳中和具有重要意义。

我国工业领域的碳排放量巨大，因此，工业领域的碳达峰和碳中和是“双碳”工作的重点领域。我们必须加快工业领域通用低碳能源技术和装备技术的创新和制造，推动产业结构向低碳方向调整，避免出现能源和基础原材料新项目投入的方向性错误。工业领域的碳中和要以终端用能高度电气化、数字化和智能化为主要发展方向，大多数工业企业的一次能源和电力热力系统都需要进行革命性的重构。当前仍要重视节能降耗。尽管很多行业长期致力节能工作，虽然很多产品的单位能耗明显下降，但随着技术的不断进步，节能工作仍有巨大开发潜力。

水泥行业作为我国主要的碳排放源之一，其脱碳工作不仅要解决化石燃料产生的碳排放问题，还要解决碳酸盐原料分解产生二氧化碳的排放问题。正如本书所述，水泥行业的能源替代虽然有多种可能方案，如利用生物质能处理可燃固体废物，以及采用电加热或零碳燃料等，但这些方案还需要全面考虑资源可获性、技术可行性，以及经济性比选等问题，需要更多工业规模性示范。碳酸盐类原料工艺过程碳排放的解决可能面临更多的挑战，目前还没有替代碳酸盐类原料的完整方案，因此碳捕集与封存（CCS）等末端碳处理技术有可能成为重要的零碳水泥技术方案。这些都需要在理论上和今后的实践中进一步研究探讨。

本书系统地梳理了水泥行业的低碳生产技术选择和碳排放测算方法，明确提出了水泥行业实现“双碳”目标的行动方向，可以为相关管理者和科学研究、工程技术人员提供帮助和参考。我相信，通过水泥行业的低碳技术进一步创新和行业内外的共同努力，水泥行业碳达峰碳中和路径会愈发清晰，并朝着集约优化方向发展。

是为序。

周大地

国家发展和改革委员会能源研究所原所长

2024 年 11 月于北京

序二 | PREFACE 2

水泥是关系国计民生的重要基础原材料，在相当长的时期内都将发挥不可替代的作用。多年来，一代又一代水泥人的辛勤努力，使我国水泥工业由小到大，从弱到强，不仅在产量上跃居世界首位，更在技术创新和产业升级方面取得了显著成就，为国家的经济建设做出了巨大贡献。

我国水泥工业的发展始终紧跟时代步伐，顺应时代需求。新中国成立初期，我国水泥工业蹒跚起步，虽然发展较为艰难，但为社会主义建设奠定了坚实基础。改革开放初期，水泥工业引进国外先进技术装备，在引进消化吸收的基础上进行技术装备再创新，从此踏上发展快车道。20 世纪末，水泥产品供求关系发生变化，从长期供不应求变为供过于求，行业进入淘汰落后和改造提升的新阶段，新型干法水泥生产工艺得到快速发展。

党的十八大以来，我国水泥工业进入了高质量发展的新时代，部分水泥技术装备达到世界领先水平，有的甚至处于领跑地位。水泥工业自主知识产权技术装备批量涌现，形成了 1000~12000t/d 系列新型干法生产工艺技术与装备格局，主要技术设备全面实现国产化，技术经济指标达到了世界先进水平，为中国制造和中国创造增添了新亮色。

新的时代发展背景对水泥工业提出了新的发展要求。当前，应对气候变化和全社会实现绿色低碳发展已成为全人类的共同发展目标，我国也庄严宣布了碳达峰碳中和的战略目标。水泥行业作为重要的碳排放行业之一，肩负着重要的绿色低碳转型发展使命。水泥行业不同于火电、钢铁等行业碳排放主要来自能源消耗的特征，水泥工业60%以上的碳排放来自生产过程（碳酸盐原料的分解），这就意味着仅靠解决能源低碳或零碳问题、用能源替代手段来达成水泥工业低碳或零碳发展目标是不现实的。因此，需要行业内外的科学家及相关人士付出更多努力，共同探讨水泥行业的低碳或零碳发展路径。

本书聚焦水泥行业低碳发展，展望了国内外水泥行业低碳发展的方向，构建了一套水泥企业未来碳排放测算的模型方法。这有助于水泥生产企业发现自身减排机会，制定低碳发展战略，做好碳资产管理等措施，从而在绿色低碳发展浪潮中占据优势。

我对中国水泥工业的绿色低碳转型充满信心。我坚信，在政策引导和技术创新推动下，水泥行业一定能实现碳中和目标，为应对气候变化、保护地球家园以及实现人类社会可持续发展作出更大贡献。愿本书能为水泥行业的碳中和之路点亮些许微光。

范永斌

中国水泥协会副秘书长

2024 年 11 月于北京

目录 | CONTENTS

第一章

全球应对气候变化及水泥行业减排形势

一、积极应对气候变化成为全球大势所趋

联合国政府间气候变化专门委员会（Intergovernmental Panel on Climate Change，IPCC）《第六次评估报告综合报告：气候变化 2023》（*AR6 Synthesis Report*：*Climate Change* 2023）指出，温室气体排放将导致近期全球变暖加剧。全球目前的升温幅度相对工业化前约为 1.1℃，为了将全球升温幅度保持在 1.5℃的限度内，到 2030 年温室气体排放量需要比 2019 年的水平至少减少 43%，到 2035 年至少要减少 60%。该报告指出，“人类活动引起的气候变化影响了全球所有地区的天气和极端气候，给自然和人类带来了广泛的损失和破坏”。

在过去几年，实现二氧化碳或温室气体的净零排放成为全球气候行动的主要框架，许多国家和组织正在设定净零排放目标。截至 2023 年 11 月，有 145 个国家宣布或正在考虑设定净零排放目标，覆盖了全球约 92%的 GDP、88%的温室气体排放量和 89%的人口，其中包括一些在过去几十年对气候行动持抵制态度的国家①。全球最大的 2000 家上市公司（按年收入计算）中有 65%设定了公司净零排放目标②。我国在 2020 年 9 月宣布，将提高国家自主贡献力度，采取更加有力的政策和措施，二氧化碳排放力争于 2030 年前达到峰值，努力争取 2060 年前实现碳中和。我国已经成为全球气候治理进程的重

①② 根据全球知名气候分析机构——气候行动追踪组织（Climate Action Tracker）发布的数据。

要参与者、贡献者和引领者。

二、全球能源体系由化石能源主导向低碳能源转变

全球范围内，太阳能、风能等可再生能源技术不断创新，在能源供应结构中的占比不断上升（见图 1-1）。2010—2020 年，可再生能源占全球能源消费增量比重达 55%。国际能源署（International Energy Agency，IEA）发布的《2023 年可再生能源》（*Renewables* 2023）报告显示，2023 年全球可再生能源新增装机容量达 510GW，比 2022 年增长 50%，装机容量增长速度比过去 30 年的任何时候都要快。IEA 预测，在现有政策和市场条件下，预计全球可再生能源装机容量在 2023—2028 年将达到 7300GW。到 2025 年初，可再生能源将成为全球最主要的电力来源。风能和太阳能发电将分别在 2025 年和 2026 年超过核电。到 2028 年，风能和太阳能发电的份额将翻一番，合计达到 25%。

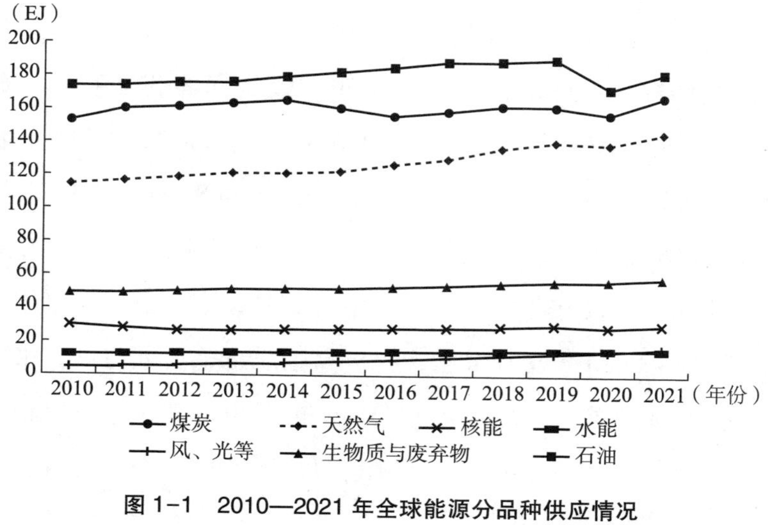

图 1-1　2010—2021 年全球能源分品种供应情况

资料来源：国际能源署。

可再生能源资源丰富、分布广泛，获取和利用成本也随着技术的进步在快速下降，并且具有“去中心化”特点，相当于提升了各个国家和地区能源供给保障能力。在积极应对气候变化背景下，许多国家和地区都提出了可再生能源发展目标。美国、英国提出到2035年实现电力部门无碳化，德国虽然经历了能源危机，但能源转型的步伐并未停止，2023年可再生能源发电量在总发电量中占比首次过半，并提出到2030年达80%，到2035年达100%的目标。

今后，随着低成本可再生能源与智能电网、储能、氢能、电动汽车、绿色建筑及各种能源数字化应用等加速融合，将从根本上改变传统能源生产利用方式。

三、我国具备实现绿色低碳发展的有利条件

我国处在经济社会全面绿色转型的关键时期，绿色低碳发展多项指标正在逐步改善（见表1-1）。我国是制造业大国和能源生产消费大国，生产领域、生活领域的千行百业都在进行能源实践活动，具有良好的基础条件、丰富的应用场景、广阔的产业和庞大的市场规模等，支撑了能源技术创新、能源开发利用的新模式与新业态培育、能源行业与其他行业的融合发展。目前，我国已建成世界上规模最大的能源供应体系，发电、输配电、电网等技术装备水平都处于世界前列，水电、太阳能、风能等装机规模和技术领跑全球。我国已建成全球最大的清洁煤电供应体系，超临界和超超临界先进煤电机组超过1000台，在全国煤电总装机容量中占比超过55%；达到超低排放限值的煤电机组约11亿千瓦，占全国煤电总装机容量的94%。我国以光伏发电、风能发电为代表的新能源发展成效显著，技术快速迭代，成本快速下降，

装机规模已连续多年居全球首位，消纳保障水平不断提高，发电占比稳步提升。2023 年，可再生能源装机容量超过 15 亿千瓦，在全国发电总装机容量中的比重突破一半，历史性地超过火电装机；可再生能源发电量突破 3 万亿千瓦时，约占全社会用电量的 1/3；光伏多晶硅、硅片、电池片和组件产量占全球比重均超过 80%，风电机组等关键零部件产量在全球市场占比超过 70%。我国电动汽车、智慧出行等行业快速发展，新能源汽车产销规模连续 9 年位居全球第一，2023 年，新能源汽车产销分别完成 958. 7 万辆和 949. 5 万辆，市场占有率达到 31. 6%[①]。

表 1-1　2020—2023 年我国绿色低碳发展部分关键指标值

指标名称	2020 年	2021 年	2022 年	2023 年	“十四五”规划目标
能源消费总量（亿吨标准煤）	49. 8	52. 4	54. 1	57. 2	—
煤炭消费总量（亿吨标准煤）	28. 3	29. 3	30. 4	31. 6	—
煤炭消费比重（%）	56. 9	56	56. 2	55. 3	<50
清洁能源消费比重（%）	24. 3	25. 5	25. 9	26. 4	—
全社会用电量（万亿千瓦时）	7. 54	8. 31	8. 64	9. 22	—
电能占终端能源消费比重（%）	约 27	约 26. 9	>27	约 28	—
太阳能发电新增装机容量（万千瓦）	—	5297	8741	21600	—
风电新增装机容量（万千瓦）	—	4757	3763	7500	—
单位 GDP 能耗降低（%）	—	2. 7	0. 1	0. 5*	5 年累计 13. 5
单位 GDP 二氧化碳排放降低（%）	—	3. 8	0. 8	0	5 年累计 18
6000 千瓦及以上电厂供电标准煤耗（克/千瓦时）	304. 9	302. 5	301. 5	302	—
全国电网线路损失率（%）	5. 60	5. 26	4. 84	4. 54	—
新能源汽车市场占有率（%）	约 5	13. 4	25. 6	31. 6	—
地级及以上城市空气质量优良天数比例（%）	87	87. 5	86. 5	86. 8**	87. 5

① 本自然段数据来自国家能源局。

续表

指标名称	2020 年	2021 年	2022 年	2023 年	“十四五”规划目标
全国 $PM_{2.5}$平均浓度（微克/立方米）	33	30	29	30	29.7
水质优良断面比例（%）	83.4	84.9	87.9	89.4	85
人工造林面积（万公顷）	289	134	120	133	—

注：*表示2023年为扣除原料用能和非化石能源消费量之后的数据；**表示2023年为扣除沙尘异常超标天后的数据，未扣除情况下为85.5。

资料来源：国家统计局、国家能源局、生态环境部、中国电力企业联合会等。

四、我国生态文明建设和碳达峰碳中和进程处于关键期

经过努力，我国能耗和碳排放强度持续降低，生态环境质量大幅提高，但是，仍然存在能源消费结构中煤炭等化石能源占比高，产业结构中以重化工业为主，运输结构中以公路货运为主，绿色低碳转型和生态环境保护的结构性、根源性、趋势性压力总体上尚未得到根本缓解的问题。当前，我国经济正处在转变发展方式、发展新质生产力、培育新动能的关键阶段，生态文明建设与碳达峰碳中和进程处于压力叠加、负重前行的关键期，生态环境保护与经济社会发展的长期矛盾和短期问题交织。因此，能源绿色低碳转型要坚持先立后破、通盘谋划，科学有序推进，统筹处理好发展与安全、短期与长远、整体与局部、供应侧与消费侧的关系。在紧抓发展机遇的同时需注重防范各类重大风险，树立底线意识，不搞运动式或冲锋式节能减排行动，稳步推进产业结构调整。坚持以国家绿色低碳发展顶层设计为指导，充分考虑各行业特点，以及各地方、各区域资源分布和产业分工的实际，制定分领域、分区域的能源发展规划。既从供给侧入手，增加优质能源的供给，又发挥消费侧的牵引

带动作用，鼓励能源用户优先使用可再生能源等清洁低碳能源，并提高能源利用效率，供需两侧双向发力，共同推动变革。

五、水泥行业碳排放形势及我国有关减排政策

全世界范围内，水泥行业的二氧化碳排放量从 1990 年的 8.6 亿吨增加到 2019 年的 24.6 亿吨，增长了近两倍，是全球第二大工业二氧化碳排放源，约占全球工业二氧化碳排放量的 25%。当前，全世界每年生产约 260 亿吨混凝土，这一产量预计至少在未来 20 年内不会放缓。水泥是我国国民经济重要的基础原材料，水泥产能约占世界总产能的 60%。近年来，我国水泥行业的发展经历了两个阶段。第一阶段，2009—2013 年，全社会固定资产投资高速增长，带动我国水泥行业飞速发展，水泥产量由 2009 年的 16.44 亿吨增加至 2013 年的 24.19 亿吨，年复合增长率为 10.14%。第二阶段，2014 年至今，受全国固定资产投资增速下降、供给侧结构性改革和新冠疫情等因素的影响，水泥产量进入一个平台波动和缓慢下降的时期。在颠覆性减排技术应用还未普及的情况下，水泥行业的碳排放主要与产量相关，近几年都处在十几亿吨二氧化碳排放的水平①。

水泥行业高碳排放特点使其成为碳减排的重点领域，受到各国政府和国际社会的高度关注。IPCC 第六次评估报告中多次强调水泥行业减碳对于实现全球温室气体减排的重要性。我国多个重要文件均把水泥和建材行业绿色低碳发展作为绿色低碳发展领域的重点内容。《中共中央　国务院关于完整准确全面贯彻新发展理念做好碳达峰碳中和工作的意见》指出，新建、扩建水泥等高耗能高排放项目

---

① 本自然段数据来自国家统计局、中国水泥协会、权威媒体新闻报道等公开的资料。

需严格落实产能等量或减量置换，全面推广绿色低碳建材；国务院《2030年前碳达峰行动方案》中，提出了加快低效产能退出，严禁新增水泥熟料产能，因地制宜利用风能、太阳能等可再生能源，逐步提高电力、天然气应用比重，鼓励建材企业使用粉煤灰、工业废渣、尾矿渣等作为原料或水泥混合材，加强新型胶凝材料、低碳混凝土、木竹建材等低碳建材产品研发应用；《中共中央　国务院关于全面推进美丽中国建设的意见》指出，要高质量推进钢铁、水泥、焦化等重点行业及燃煤锅炉超低排放改造；《中共中央　国务院关于加快经济社会发展全面绿色转型的意见》指出，要大力推动建材等行业绿色低碳转型，推广节能低碳和清洁生产技术装备，推进工艺流程更新升级，要推广绿色建造方式，优先选用绿色建材。放眼全球，水泥行业低碳转型是实现全球温室气体减排目标的重要一环；对于中国自身而言，尽早实现水泥行业的绿色低碳转型，是实现碳达峰碳中和与美丽中国建设目标的重中之重。

六、水泥行业亟待探索创新深度脱碳路径

水泥行业是我国国民经济的重要基础性产业，也是我国能源消耗和碳排放最高的行业之一。依据水泥和熟料产量简单进行推算，近年来，我国水泥行业产生的碳排放量都在十几亿吨的水平，占全国碳排放总量的百分之十几，是与电力、钢铁等行业碳排放规模相当的碳排放大户。2021—2023年虽然由于水泥产量下降导致碳排放量没有继续增长，但巨大的存量排放如何消化降低仍是难题。与其他行业的碳排放主要来自化石燃料燃烧不同，水泥行业碳排放的主要来源是其生产工艺：石灰石煅烧分解产生生石灰和大量二氧化碳，

这部分碳排放量占水泥全生产过程碳排放总量的55%～70%，而能源活动及煅烧过程中因燃料消耗所产生的碳排放仅占25%～40%。此外，水泥生产过程会消耗大量电力，产生一定的二氧化碳间接排放。总的来看，水泥生产过程需要消耗大量高品位热能并伴随大量工业过程碳排放，能源和资源的高承载特征突出，碳减排工作的难度更高、挑战更大。据IEA发布的《技术路线图：水泥行业的低碳转型》（*Technology Roadmap—Low-Carbon Transition in the Cement Industry*），为实现全球温升不超过2℃的目标，水泥行业需要综合发挥提高能效、熟料替代、使用无碳能源及推广碳捕集与封存（Carbon Capture and Storage，CCS）技术等方面的协同效应，从原料、工艺、产品、能源结构等多个角度，进一步创新深度脱碳路径。

第二章

水泥行业碳排放核算方法及未来碳排放趋势

一、水泥生产中的碳排放来源及核算方法

（一）水泥产品的化学构成及碳排放来源

水泥的英文 cement 由拉丁文 *caementum* 演变而来，意指“碎石”。水泥的历史可追溯到古罗马时代。当时，古罗马人在建筑时，会把石灰和火山灰混合起来作为建筑原料，这是史上最早的水泥。1796 年，英国人詹姆士·帕加（James Parker）用泥灰岩烧制成一种棕色水泥，称“罗马水泥”。1824 年英国人约瑟·阿斯普丁（Joseph Aspdin）用石灰石和黏土烧制成水泥，命名为波特兰水泥，并取得专利权。波特兰水泥（国内称硅酸盐水泥）成为日后最常见、应用最广泛的水泥类型。随着各种不同类型建筑对水泥的要求越来越高，硅酸盐水泥不断改进，衍生出了许多新的类型，如快硬硅酸盐水泥、低热硅酸盐水泥、高性能硅酸盐水泥、硫铝酸盐水泥、白色硅酸盐水泥等。

普通硅酸盐水泥由硅酸盐水泥熟料、5%～20%的混合材料及适量石膏磨细制成，具有水硬性。其中，水泥熟料是以石灰石和黏土、铁质原料为主要原料，按适当比例配制成生料，烧至部分或全部熔融，并经冷却而获得的半成品，成分有 CaO、SiO_2、Fe_2O_3、Al_2O_3、MgO、SO_3 等。混合材料由粉煤灰、高炉矿渣、火

山灰质混合材料等组成。水泥生产中有两个最主要的二氧化碳排放来源：一个是高温条件下石灰石的分解，即 $CaCO_3 \longrightarrow CaO + CO_2$；另一个是产生高温所需要的煤的燃烧。二者的二氧化碳排放合计占比在90%以上，其中前者所占比例更大。二氧化碳排放量的核算方法，通常有排放因子法、质量平衡法、实测法等，其中，排放因子法是适用范围最广、应用最为普遍的一种碳核算方法。

（二）水泥生产的碳排放核算方法

国际国内对于水泥生产的二氧化碳排放有多种核算方法。

从核算的基本原理来看，水泥生产中的二氧化碳排放核算可以参考 IPCC 提供的碳排放核算基本方程，即：

$$温室气体(GHG)排放=活动数据(AD)\times排放因子(EF)$$

其中，*AD* 表示导致温室气体排放的生产或消费活动的活动量，如每种化石燃料的消耗量、石灰石原料的消耗量、净购入的电量、净购入的蒸汽量等；*EF* 表示与活动水平数据对应的系数，包括单位热值含碳量或元素碳含量、氧化率等，表征单位生产或消费活动量的温室气体排放系数。*EF* 既可以直接采用 IPCC、美国环境保护署（EPA）、欧洲环境署（EEA）等提供的已知数据（缺省值），也可以基于代表性的测量数据来推算。

在我国，已经陆续发布了多个版本的水泥生产二氧化碳排放量核算指南。2013 年 10 月，国家发展改革委发布了首批 10 个重点行业企业温室气体排放核算方法与报告指南，供开展碳排放权交易、建立企业温室气体排放报告制度、完善温室气体排放统计核算体系等相关工作参考使用，其中包括《中国水泥生产企业温室气体排放核算方法与报告指南（试行）》（以下简称《指南》）。

2014 年 5 月，中国质量认证中心和中国建筑材料检验认证中心制定发布《通用硅酸盐水泥低碳产品评价方法及要求》（CNCA/CTS 0017—2014）（以下简称《产品评价方法》），用于评价通用硅酸盐水泥碳排放水平，作为低碳产品认证主要依据，并为企业计算通用硅酸盐水泥产品碳排放量提供指导。2015 年 11 月，原国家质检总局和国家标准委发布《温室气体排放核算与报告要求　第 8 部分：水泥生产企业》（GB/T 32151.8—2015）（以下简称《标准》）。2016 年 1 月 11 日，《国家发展改革委办公厅关于切实做好全国碳排放权交易市场启动重点工作的通知》（发改办气候〔2016〕57 号）规定，采用《指南》对企业 2013—2015 年的温室气体排放量进行核查，同时为了满足配额分配的需求，企业还须按“补充数据”核算其 2013—2015 年的历史排放数据。2024 年 3 月，为规范水泥行业企业温室气体排放核算报告与核查，配合做好扩大全国碳排放权交易市场行业覆盖范围，生态环境部办公厅就组织编制的《企业温室气体排放核算与报告指南　水泥熟料生产》（以下简称《新指南》）、《企业温室气体排放核查技术指南　水泥熟料生产》公开征求意见，其中规定了水泥行业企业的熟料生产和企业层级两种温室气体排放核算边界。

各种核算方法在核算边界、参数取值等方面有所不同。以核算边界作比较，如表 2-1 所示。从表中可以看出，熟料生产消耗的化石燃料燃烧和熟料对应的碳酸盐分解产生的二氧化碳排放是整个水泥生产过程中最核心和最重要的二氧化碳排放来源，各种核算方法在确定边界时都会将之包含在内。

表 2-1 各种水泥生产温室气体排放核算方法的核算边界比较

排放方式	排放源	《指南》	《产品评价方法》	《标准》	"补充数据表"	《新指南》熟料生产	《新指南》企业层级
燃料燃烧排放	熟料生产消耗的化石燃料在主要生产系统和辅助生产系统中燃烧产生的二氧化碳排放	√	√	√	√	√	√
	替代燃料燃烧产生的二氧化碳排放	√					√
	其他设施消耗化石燃料燃烧产生的二氧化碳排放	√	√	√	√		√
过程排放	熟料对应的碳酸盐分解产生的二氧化碳排放	√	√	√	√	√	√
	窑炉排气筒（窑头）粉尘对应的碳酸盐分解产生的二氧化碳排放	√					√
	旁路放风粉尘对应的碳酸盐分解产生的二氧化碳排放	√					√
	生料中非燃料碳煅烧产生的二氧化碳排放	√					√
电力、热力、外购产品等对应排放	熟料煅烧消耗电力所对应的排放	√	√	√	√	√	√
	生料制备消耗电力所对应的排放	√	√	√	√	√	√
	辅助生产消耗电力所对应的排放	√	√			√	√
	附属生产消耗电力所对应的排放	√	√				√
	水泥粉磨包装消耗电力所对应的排放	√	√		√		√
	外购熟料和磨细混合材对应的排放				√		

资料来源：笔者根据公开资料整理。

二、国内外研究机构对于水泥行业碳排放未来趋势的判断

许多国际组织和国内外研究机构都发布了以水泥为视角，或者以水泥和混凝土的综合视角来考虑的行业低碳转型方案或路线图，其中，对各种减排措施和行业未来低碳发展趋势都进行了分析。

（一）全球水泥和混凝土协会

2021 年全球水泥和混凝土协会（Global Cement and Concrete Association，GCCA）发布《2050 年水泥和混凝土行业的净零排放混凝土路线图》（*The GCCA 2050 Cement and Concrete Industry Roadmap for Net Zero Concrete*）报告指出，水泥行业是第一个在全球范围内监测和公开报告其 CO_2 排放量的行业。在过去三十年中，主要采取熟料替代和燃料方面的措施，水泥行业已经按比例减少了约五分之一的排放量。2020—2030 年，通过增加熟料的替代品（如粉煤灰、煅烧黏土、高炉渣粉和石灰石粉），减少化石燃料使用和增加使用替代燃料，提高混凝土生产的效率，优化混凝土项目设计和在施工过程中增加混凝土的回收利用，增加对相关技术和创新的投资，以及 CCUS（Carbon Capture，Utilization and Storage，碳捕集、利用与封存）技术和基础设施的优化发展等途径，加速水泥行业的减排进程。2030—2050 年，将通过加快采用低碳水泥和利用新化学成分水泥的混凝土产品技术、CCUS 技术，促进垃圾回收利用，加强研究利用混凝土吸收 CO_2 和鼓励可再生能源应用等措施，实现行业的净零排放。各种措施预计在 2050 年对净零排放的贡献比例及减少的 CO_2 排放量如表 2-2 所示。

表 2-2　2050 年水泥和混凝土行业实现净零排放图景中各措施的贡献比例及减少 CO_2 排放量

减排措施	贡献比例（%）	减少 CO_2 排放量（亿 t）（预测在 2050 年社会对混凝土的需求将产生 CO_2 排放量 38 亿 t）
水泥厂的碳捕集、利用与封存（CCUS）	36	13.7
提升设计和施工效率：向设计师提供客户简报，以实现优化；设计优化；施工现场的效率；重新使用和延长使用期	22	8.4
提升混凝土生产的效率：优化的混合设计；优化成分；继续工业化生产；质量管理	11	4.3
熟料生产中的节约：提高热效率；燃料替代；脱碳原材料；使用氢燃料	11	4.1
水泥和黏合剂的节约：波特兰熟料水泥的节约和替代	9	3.5
混凝土对 CO_2 的吸收	6	2.4
水泥厂和混凝土生产中的电力去碳化	5	1.9

资料来源：*The GCCA 2050 Cement and Concrete Industry Roadmap for Net Zero Concrete.*

（二）国际能源署

2018 年 4 月，IEA 发布题为《技术路线图：水泥行业的低碳转型》的报告。该报告是在 IEA 与世界可持续发展工商理事会（World Business Council for Sustainable Development，WBCSD）、水泥可持续发展倡议（Cement Sustainability Initiative，CSI）行动组织长期合作的基础上提出的。报告指出，全球人口增长和城市化模式的崛起，加上基础设施发展需求的增加，推动了水泥和混凝土的需求增长。到 2050 年，全球水泥产量预计将比当前水平增长 12%～23%。在全球升温控制在 2℃的情景模拟中，到 2050 年，与全球水泥产量预期增长相比，全球水泥生产的直接 CO_2 排放量将减少 24%，但需要加

快发展和部署 CO_2 减排措施、支持性政策、公私合作、融资机制和社会接受。碳捕集和减少水泥中熟料含量的措施贡献了前两位的 CO_2 减排量，分别为 48% 和 37%，随后是使用低碳燃料和提高能源效率。新型替代性胶凝材料可以减少碳排放，但需要进行大量的深度分析，对这些材料的生产成本和长期性能做出生命周期内的评估。除了水泥制造本身，采用全生命周期方法对整个建筑价值链进行整合，可以提供碳排放减少的额外机会，例如，减少浪费、鼓励重复使用和回收，最大限度地延长设计寿命及根据混凝土性质最小化建筑运行的能耗，对建筑中混凝土的使用进行优化，等等。

（三）欧洲水泥协会

欧洲水泥协会（Cembureau）2020 年发布了碳中和路线图（*Cementing the European Great Deal*：*Reaching Climate Neutrality along the Cement and Concrete Value Chain by* 2050），提出了到 2050 年水泥和混凝土行业实现净零排放的决心。该路线图着眼于如何通过在产业链的每个阶段（即 5C 路径：熟料生产阶段、水泥生产阶段、混凝土生产阶段、建筑建造阶段和再碳化阶段）采取行动来减少二氧化碳排放，到 2050 年实现净零排放。该路线图对各项低碳技术所减少的二氧化碳排放量进行了定量分析，据此提出了具体的技术和政策建议。欧洲水泥协会提出了与《巴黎协定》一致的目标，即在 2030 年前二氧化碳总排放量减少 30%，对比 1990 年，2030 年吨水泥二氧化碳排放量将从 783kg 下降至 472kg，如表 2-3 所示。

表 2-3 欧洲水泥协会 2030 年及 2050 年降低吨水泥 CO_2 排放量的措施

（单位：$kgCO_2/t$）

	2017 年吨水泥 CO_2 排放量		667	2017 年吨水泥 CO_2 排放量		667
熟料生产	脱碳原材料	−14	−53	脱碳原材料	−27	−160
	替代燃料	−30		生物质燃料	−71	
	提高热效率	−9		提高热效率	−26	
	低碳熟料	−8	−8	低碳熟料	−17	
				氢能—电气化	−19	
水泥生产	熟料替代	−24	−35	熟料替代	−72	−117
	电力效率提升与可再生电力	−11		电力效率提升与可再生电力	−35	
				碳中和式运输	−10	
混凝土生产	混凝土拌合料	−28	−28	混凝土拌合料	−52	−59
				碳中和式运输	−7	
建筑建造与再碳化	建成环境中 CO_2 捕集	−71	−71	建成环境中 CO_2 捕集	−51	−51
CCUS				CCU/CCS	−280	−280
	2030 年吨水泥 CO_2 排放量		472	2050 年吨水泥 CO_2 排放量		0

资料来源：Cembureau. *Cementing the European Great Deal：Reaching Climate Neutrality along the Cement and Concrete Value Chain by* 2050.

欧洲水泥行业从 2017 年的 667kg 每吨水泥二氧化碳排放开始，按产业链阶段布置的主要减碳路径为：在熟料生产阶段，通过脱碳原材料、替代燃料和提高热效率的手段，具体措施包括燃烧生物质能源、增加低碳熟料使用占比、提升回转窑保温能力等，共计可减少 61$kgCO_2/t$ 排放。在水泥生产阶段，通过熟料替代、提升电力效率和使用可再生电力的措施，具体包括增加高性能混合材使用量、应用更高效率的粉末设备、使用绿电替代化石能源发电等，共计可减少 35$kgCO_2/t$ 的排放。在混凝土生产阶段，通过混凝土拌合料减少 28$kgCO_2/t$ 的排放。在建筑建造阶段与再碳化阶段，通过碳捕集减少 71$kgCO_2/t$ 的排放。

欧洲水泥协会认为，到2030—2050年，主要依靠CCUS和熟料降碳减排，计划采用的新减排措施包括熟料生产中使用氢能和电气化、水泥和混凝土运输过程的碳中和、使用低碳的混凝土、提升发电效率和使用可再生能源。

（四）英国混凝土与矿物制品协会

英国混凝土与矿物制品协会（Mineral Products Association，MPA）在2020年推出了《2050年混凝土和水泥行业超净零排放的路线图》（*UK Concrete and Cement Industry Roadmap to Beyond Net Zero*），即实现水泥和混凝土行业的负二氧化碳排放量。“超净零排放的路线图”显示，CCUS技术对于实现净零制造至关重要，61%的二氧化碳排放需通过该技术降低，还有16%的二氧化碳排放需通过燃料替代（见表2-4）。MPA试图通过提升混凝土在使用过程中吸收二氧化碳的能力以及低碳建筑来减少建筑运营过程中的碳排放，从而实现超净零排放。MPA分支机构UK Concrete确定了通过脱碳电力和输送网络、提供化石燃料替代比例、增加低碳水泥和混凝土使用量以及CCUS技术等来实现这一目标。与1990年相比，英国水泥和混凝土行业碳排放量减少了50%以上。2018年，英国水泥和混凝土的二氧化碳排放量为730万吨，约占英国温室气体排放量的1.5%。

表2-4　MPA负排放路径中各技术措施及贡献比例　（单位:%）

各种减排与固碳技术名称	技术具体描述	贡献比例
电力脱碳	电力行业的脱碳	4
运输方式	减少汽油、柴油使用，“公转铁”	7
低碳水泥和混凝土	在熟料含量、替代黏合剂、水泥材料和混凝土配比等方面进行减排	12
燃料替代	生物质燃料、废弃物燃料、氢能、等离子体能源等	16

续表

各种减排与固碳技术名称	技术具体描述	贡献比例
CCUS	水泥行业应用 CCUS 技术	61
水泥与混凝土的碳化	混凝土在生命周期内吸收 CO_2	12 以上
蓄热体储能	建筑中的混凝土蓄热体，预计可以在 2050 年减少英国 14%的电力使用	44 以上

资料来源：*UK Concrete and Cement Industry Roadmap to Beyond Net Zero.*

（五）麦肯锡咨询公司

麦肯锡咨询公司发布的《“中国加速迈向碳中和”水泥篇：水泥行业碳减排路径》报告认为：水泥产品需求下降、能效提升、替代燃料、CCUS 技术的推动是中国水泥行业 CO_2 减排几个主要依赖的措施。其中，水泥产品需求下降和 CCUS 技术将是主要的减排路径。到 2030 年，相比 2020 年，水泥产品需求下降的贡献是最大的，将带来 14%的 CO_2 排放减少；到 2050 年，在所有减碳路径中，CCUS 技术的作用上升到首位，相比 2020 年将带来 47%的 CO_2 排放减少，水泥产品需求下降、替代燃料和能效提升则分别贡献 27%、9%和 3%的 CO_2 排放减少（见表 2-5）。

表 2-5　麦肯锡发布的中国水泥行业 2030 年及 2050 年碳减排路径

（单位:%）

减排措施	贡献比例	2030 年比 2020 年下降	贡献比例	2050 年比 2020 年下降
水泥产品需求下降	14	26	27	86
替代燃料	4		9	
能效提升	1		3	
CCUS 技术	7		47	

此外，该报告建议水泥企业捕捉低碳大势带来的商业模式变革机会，主动适应下游趋势，在高质量发展的主题下，大力推动

“低碳+数字化”的运营转型，将效率提升做到极致，关注低碳大势对水泥产业生态的中长期影响，探索可能的绿色增长新机遇。同时建议，鉴于水泥行业碳减排技术选项少，且成熟技术（如替代燃料）和新兴技术（如 CCUS）之间过渡难度大，因此水泥行业的碳减排路径急需强有力的政策支持：一是要有明确的方向和目标，二是要尽快推出并落实将水泥纳入碳价格体系的政策，三是要加强对于新兴技术的定向研发和财务激励。

（六）中国水泥协会

2021 年 10 月，中国水泥协会发布了《中国水泥行业碳排放与达峰路径》蓝皮书。蓝皮书最先回顾了新时代水泥行业面临的主要挑战，包括产量处于高位平台期、熟料进口量增加、产能过剩、外部条件变化较快、燃料偏煤等，在此基础上，蓝皮书经综合研判，认为 2023 年前后可能成为水泥行业碳达峰的时间点。

2022 年 8 月，中国水泥协会和落基山研究所共同发布了《加速工业深度脱碳：中国水泥行业碳中和之路》研究报告，针对水泥行业在碳中和目标下的转型路线图进行深入探讨。分析表明，水泥行业实现碳中和需要在减量、燃料、品种、能效和末端处理各环节共同发力。在城镇化与基建需求放缓、淘汰落后产能以及建筑业提升材料效率等多重因素影响下，中国的水泥需求与产量将呈现明显下降趋势。在此基础上，燃料替代技术将发挥重要减排作用。与此同时，调整水泥品种可以起到降低过程排放的作用，其路径包括调整水泥的熟料系数、生产新型低碳水泥，以及替代原料技术。CCUS 是水泥行业实现碳中和的重点技术之一，能够对水泥工艺中的部分碳排放进行末端处理，对未来水泥产业的布局也将产生影响。其中，水泥、熟料消费量变化（见图 2-1）是水泥行业碳排放总量的最大影响因素之一。

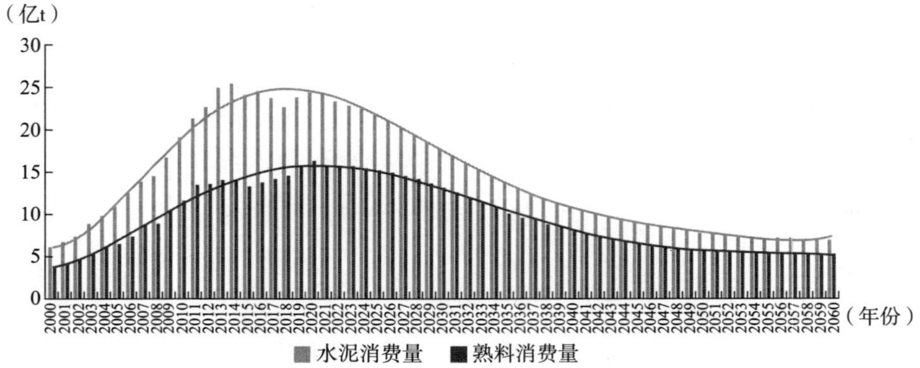

图 2-1　我国水泥和熟料消费量预测

资料来源：中国水泥协会。

（七）小结

综上所述，各大国际组织和研究机构研究机构都认识到水泥行业碳减排的重要性，重视水泥行业的深度脱碳问题，且对水泥行业碳减排的路径和措施有较多共识。具体来看，燃料替代、熟料替代、电力脱碳、CCUS 技术等措施是各大国际组织和研究机构研究机构的共识，而混凝土使用优化、建筑设计优化、建筑储能、运输节能等与水泥生产非直接相关但属于水泥运储和使用阶段的减排措施，更多是受到欧洲水泥协会等机构的关注。对水泥和混凝土的碳减排进行通盘考虑，从优化建筑设计、延长建筑物使用寿命等角度出发，减少资源的浪费，并且充分研究利用水泥和混凝土在其生命周期内的固碳吸碳作用，对于全社会的碳减排和应对气候变化，具有非常重要的意义。

各大国际组织和研究机构研究机构均认为 CCUS 技术将在水泥

行业未来深度脱碳进程中发挥至关重要的作用，减排贡献度（由实施该措施产生的减排量占全部减排量的比重）将达到50%甚至更高，高于熟料替代的贡献度。对我国而言，也有研究机构认为，尽管CCUS技术的作用必不可少且减排贡献度较高，但对于水泥和熟料产品的需求下降带来的产量下降，也将贡献很高的份额。从CCUS技术发展本身来看，如果想对水泥行业的大规模碳削减发挥支撑作用，还需要技术上的进一步升级和成本的大幅度下降，这在本书后续有关章节中会进一步探讨。

第三章

水泥行业重大碳减排技术综述

水泥行业的碳减排，除了减少浪费、抑制不合理的需求，归根结底还要靠低碳、零碳和负碳技术的创新。近几年全球对水泥行业深度脱碳的关注度不断提高，新技术研发活跃，在水泥生产的各个环节（如熟料煅烧、原料替代、新能源使用等）都出现了多种富有亮点的技术。本书对其中一些具有标志性意义和较大影响力的碳减排技术进行了梳理分析，着重从技术类型、技术原理、技术特点、技术经济性、适用性及发展前景等方面展开阐述。

一、新型加热/燃烧技术

（一）富氧燃烧技术

水泥工业最早的富氧燃烧方案主要是从燃料高效燃尽、提高燃烧火焰集中度、提高水泥烧成系统产量与质量、提高难燃燃料与替代燃料的燃烧状态等角度进行设计，燃料燃前氧气浓度只是适当提高，并没有对烟气量、二氧化碳浓度改变太多。随着水泥行业碳减排的要求日益紧迫，富氧燃烧方案也更多地开始从碳减排角度进行设计，最为常见的是将富氧燃烧技术与碳捕集与利用技术相结合，将水泥工业富氧燃烧逐步提升至全氧燃烧（供氧燃烧气体中氧气比例一般在85%以上），最大限度地提高水泥工业烟气中的二氧化碳浓度，再通过二氧化碳捕集、提纯从而获得高浓度的二氧化碳，制备成各种工农业和生活所需的产品。

富氧燃烧技术有多种工艺形式，包括带循环烟气和不带循环烟气、回转窑内和分解炉内是否进行富氧燃烧等。其中，带循环烟气的整个烧成系统富氧燃烧是将整个烧成系统的部分窑尾烟气（称为循环烟气）与制备的氧气引入回转窑与分解炉，在回转窑与分解炉内燃料燃前均形成富氧、富二氧化碳气体。由于窑尾循环烟气、制备的氧气温度远低于常规新型干法水泥生产线的二次风、三次风风温，为进一步提高循环烟气与制备氧气的温度，分别将循环烟气与制备氧气引入冷却机的固定端与活动床的前端，通过在冷却熟料过程中与熟料换热。整个烧成系统的富氧燃烧工艺流程如图 3-1 所示。在富氧燃烧技术的应用中，氧气获取成本和整个系统的运行成本也是进行技术工艺必选时需要着重关注之处。

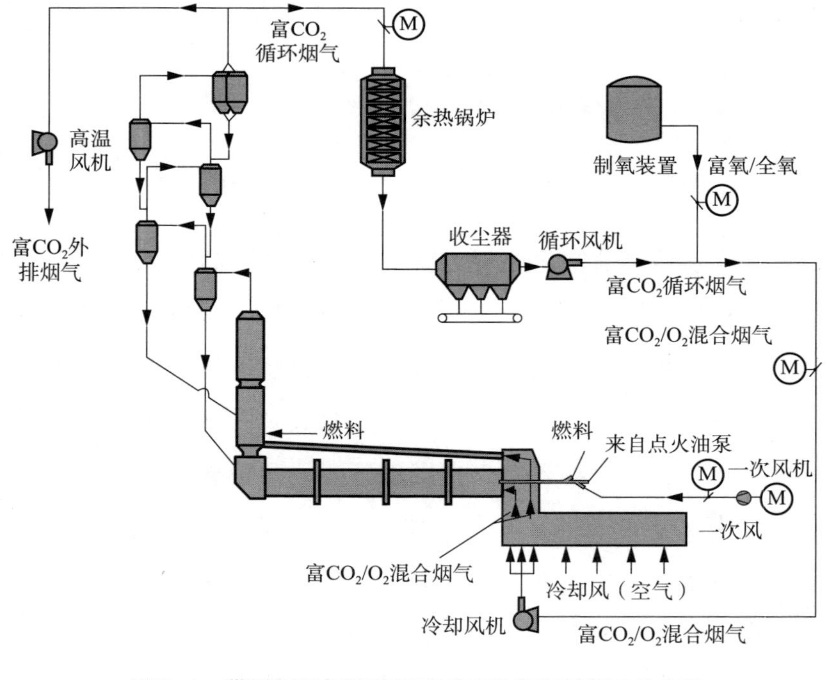

图 3-1　带循环烟气的熟料烧成系统富氧燃烧工艺流程

资料来源：康宇，吴涛，徐连春．水泥工业几种富氧燃烧方式分析［J］．水泥，2023（7）：31-35.

（二）氢能加热（窑炉）技术

氢作为燃料应用于水泥熟料生产中需突破的研究难点有：氢在回转窑和分解炉的燃烧特性、火焰形状和辐射放热形式等的机理研究，氢能与其他燃料混合使用的新型燃烧器的开发研究，等等。

氢能与碳利用技术耦合：2022 年 1 月，中国建材集团旗下的中材节能股份有限公司与中国科学院大连化学物理研究所联合开展了“双供氢系统水泥熟料氢能煅烧及窑炉烟气 CO_2 转化利用中试研究”项目，主要包括高效电解水制氢技术、绿氢煅烧水泥熟料窑炉工艺技术和窑炉烟气 CO_2 分离及加氢制备甲醇技术三个部分。计划将 20%以上化石燃料替换成氢气，同时实现 CO_2 捕集与利用。

氢能、可再生能源发电与碳利用技术耦合：2021 年 7 月，Cemex 集团、Enertrag 公司和 Sunfire 公司宣布合作开展“混凝土化学品”（Concrete Chemicals）项目，计划于 2025 年建成首个水泥行业碳中和工厂，主要包括风力和太阳能发电及储能系统、电解水制氢系统、合成气体（碳氢化合物和一氧化碳）生产系统、窑尾烟气 CO_2 分离系统及 CO_2 加氢制甲醇系统，该项目也将 CO_2 与合成气体制成多种清洁化学产品和清洁燃料技术作为未来发展的方向之一。

氢气作为混合燃料的一部分：Cemex 公司于 2019 年 7 月在西班牙 Alicante 水泥厂进行实验，把氢气作为混合燃料的一部分作为新技术并获得成功，这项新技术随后逐渐推广至欧洲所有水泥厂。Cemex 公司也与英国氢气 HiiROC 公司合作，在位于英国 Rugby 的水泥厂进行了氢气的工业应用试点研究。HiiROC 公司专有的热等离子电解

（TPE）工艺在生产氢气的同时，能捕获碳并将其转化为固体副产品，从而避免 CO2 排放，并且该工艺所需电能仅为传统电解水产氢工艺的五分之一。

（三）太阳能加热技术

Synhelion 公司的太阳能加热水泥熟料煅烧技术：镜场聚集太阳能至太阳能接收站，将管道中的传热流体加热至 1500℃，被加热后的传热流体被输送至水泥熟料生产流程作为供能热源，煅烧产生的 CO_2 将与传热流体混合后继续在流程内循环使用，传热流体中的部分 CO_2 则被捕集，从而保证净零排放（见图 3-2）。

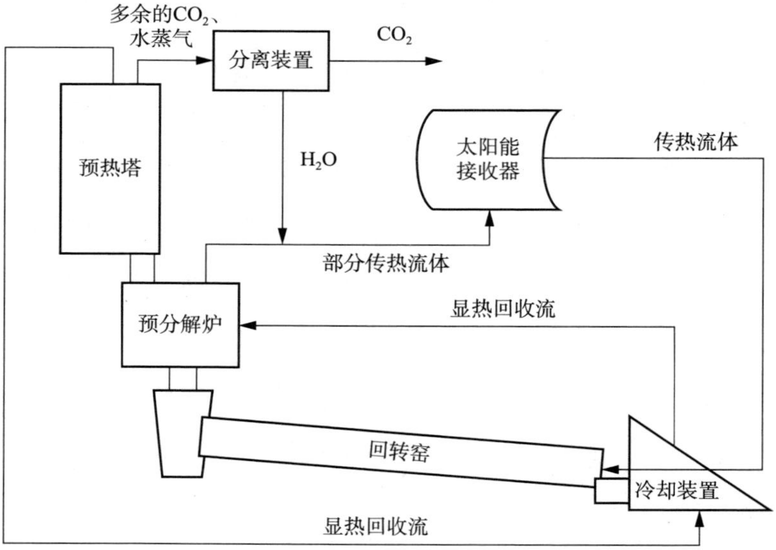

图 3-2　Synhelion 太阳能加热水泥熟料煅烧技术工作原理

Cemex 和 Synhelion 使用太阳能加热 CO_2 和水蒸气的混合气体来煅烧熟料。宁夏建材通过“光伏+风电+储能+余热发电”提出“零外购电工厂”概念。华润水泥在其部分生产基地试点开展分布式光伏项目。海螺水泥逐渐拓展升级风力发电、光伏发电和储能系统，在水泥生产的过程中加大清洁能源使用比例。2021 年以来，Heidelberg Cement 已与各大洲的试点项目签署合作协议，增加风能和太阳能等可再生能源的使用。

（四）电加热技术

结合水泥行业具体工艺，适合水泥工业的电加热方法有：改变窑的加热模式和设备形态，例如，熟料烧成过程可以在等离子炉内进行；使用电阻炉对分解炉物料间接加热，可以保证物料均匀受热；电磁感应加热技术和微波加热技术；等等。

1. 等离子体电加热技术

等离子体技术可将温度提高到 2000℃，目前应用于废物治理和钢铁制造工业。将这种技术应用于水泥熟料生产流程时可将 CO_2 用作等离子气体，生产流程制造的 CO_2 可在装置内循环。该技术生产过程中需保证气氛中含有高浓度 CO_2，因此对装置的气密性提出了较高要求。值得注意的是，该技术产生的烟气中 CO_2 的浓度较高，甚至可接近 100%（传统水泥熟料生产烟气中 CO_2 浓度约为 25%），因此可直接对烟气中的 CO_2 进行后续加工，无须额外碳捕集装置。研究结果表明，等离子体电加热技术可在水泥熟料生产流程应用，但仍需在大规模测试中验证技术可行性。2017 年，Cementa 公司和 Vattenfall 公司合作开展的 CemZero 项目验证了在实验室场景下等离子体电加热技术在熟料生产流程应用的可行性，项目包括三个研究方向：一是在水泥窑中使用等离子体电加热技术进行加热；二是直接从碳酸盐分解阶段捕集 CO_2；三是电气化生产水泥熟料与二次添加剂的反应性研究。CemZero 项目组针对该技术进行了经济分析，分析结果表明等离子体电加热的生产成本比传统水泥熟料生产增加了一倍，但其成本仍低于其他碳捕集技术。

2. 电阻加热技术

电阻元件通电后使金属表面加热，生成的热量作为熟料生产的热源。在实际应用时，电阻加热技术可作为单一加热方式为生产供能，也可与其他加热方式联合使用，比如，与气体、固体燃料燃烧加热。

3. 电磁感应加热技术

磁化方向发生改变时，位于磁场中的可导电物体会发生电磁感应加热。电磁感应加热技术目前被应用于金属熔化这一工业场景下，但还未被验证是否可应用于熟料生产流程。

4. 微波加热技术

煅烧所需的热量可以通过微波以辐射形式传递，将能量以电磁波的形式传递到被加热的物料中。目前，微波加热技术仍处于实验室阶段，一些研究证明微波加热可将温度提升至1160℃。

国外已有两个电加热与水泥工业结合的案例。2017年，瑞典CemZero项目和2018年挪威的某项目验证了在实验室场景下等离子体电加热技术的可行性。此外，碳捕集技术中的LEILAC技术也将电加热技术纳入了能源替代计划。该技术设计了非接触式煅烧热交换塔以替代部分或全部分解炉的作用，其管外加热区可使用气体燃料加热或电加热。

（五）熟料循环床烧成技术

目前来说，通常5000t/d新型干法回转窑的烧成效率仅为48%~

55%，而扩大水泥窑规模对烧成效率提升影响有限。如果想要革命性地改善熟料烧成效率，需要探索新型烧成工艺。

悬浮循环床煅烧窑炉采用大颗粒流态化水泥熟料煅烧工艺，以循环床煅烧炉、烧成炉取代回转窑，其传热系数比传统回转窑提高2.5~25倍，可使窑炉内高浓度物料的流动、换热效率大幅提升，有效降低熟料烧成煤耗，氮氧化物排放和化石能源造成的二氧化碳排放也会相应降低。

此外，该技术所需窑炉装置密封好、系统漏风少、热回收效率高，可与新型清洁燃烧技术和CCUS技术结合，进一步实现碳减排。

二、低碳水泥熟料、低碳水泥和新型胶凝材料

过去几十年不断涌现出多种替代传统水泥熟料的技术和产品，目前国际上比较热门的低碳水泥熟料主要有高贝利特水泥、硫（铁）铝酸盐水泥、石灰石煅烧黏土水泥、Solida水泥熟料、Celitement水泥熟料、X-Clinker熟料、硫氢镁化合物熟料和碱激发胶凝材料等。

（一）高贝利特水泥

低碳水泥的一大重要探索方向是高贝利特（Belite，$2CaO \cdot SiO_2$，C_2S）的低钙硅酸盐水泥。低钙硅酸盐水泥在制备过程中消耗石灰石少，煅烧温度低，可以大幅度降低资源能源消耗与CO_2排放。此外，其低水化热、良好的流变性能和后期更好的耐久性，都是与铝酸盐相比所具有的优势。然而，由于其早期水化活性低，贝利特熟料在早期强度方面表现较差。因而，只有在需要低热释放和高后期强度

等应用条件下（如高性能混凝土或大体积结构中），才可以使用高贝利特水泥。以贝利特为主导矿物的硅酸盐水泥体系的研究始于20世纪30年代，近几十年来，德国、日本、瑞典、印度等国家都开展过相关的研究工作，但尚未有效解决高 C_2S 含量下水泥早期强度较低的难题。导致贝利特在早期水化反应中反应速率较低的两个主要原因：一个是其密实的结构，水分子难以穿透贝利特晶格；另一个是附着在 SiO_4 四面体上的 Ca^{2+} 较不容易被溶解。因此，与铝酸盐相比，贝利特水化反应的第一步（溶解步骤）较慢。

（二）硫（铁）铝酸盐水泥

硫铝酸盐水泥（SAC）于20世纪70年代开发出来，旨在弥补高贝利特水泥常见的早期强度较低的特性。用于生产SAC的典型原料包括石灰石、硫酸钙和富含铝矿物或工业副产品。其生产温度约为1250℃，比生产OPC（普通硅酸盐水泥）熟料所需温度低约200℃，通常较容易磨碎。SAC熟料以无水硫铝酸钙和硅酸二钙为主要矿物成分，其水化速度较快，可以弥补贝利特熟料早期强度低的不足。无水硫酸铝钙溶解时会产生与硫酸钙和水的反应，从而促使硫铝酸钙和微晶氢氧化铝的形成。具有高无水硫酸铝钙含量（>50%重量百分比）的水泥可以与OPC结合使用，以产生快速固化、迅速硬化的水泥。与OPC相比，在某些领域，SAC在应用于混凝土时表现出更好的性能。它们具有较低的收缩、较低的开裂和较高的抗冻融损伤能力。

SAC的另一种替代方法是贝利特-无水硫酸铝钙-铁铝酸盐水泥，其成本比SAC低，减少了昂贵的富含铝原料的使用量，增加了硅酸盐和铁铝酸盐相的比例。铁铝酸盐相的水化过程比无水硫酸铝钙要慢一些，相比硫铝酸盐水泥，铁铝酸盐水泥生产原材料来源更加广泛，并且耐腐蚀、抗渗透等应用性能更加突出，解决了硫铝酸盐水泥存在的一些缺点，可普遍应用于各种建筑工程领域。在生产方面，铁铝酸盐水泥熟料在高温烧制过程中原材料中石灰石的用量较硅酸盐水泥减少约 40%，煅烧温度较硅酸盐水泥熟料低 100～200℃，在水泥粉磨过程中易磨性也优于硅酸盐水泥。因此，在同等工艺条件下，铁铝酸盐水泥生产能耗较硅酸盐水泥约低 30%，生产过程中二氧化碳排放约降低 40%。在使用性能方面，铁铝酸盐水泥具有早强、高强、微膨胀、抗冻、抗渗等优异的性能特点，尤其具有很好的耐腐蚀性能，非常适合在海洋、盐碱等腐蚀环境中使用。

硫（铁）铝酸盐水泥是由我国科学家发明的。硫铝酸盐水泥自 1973 年开始研发，于 1980 年获得国家发明二等奖。在硫铝酸盐水泥的基础上，经过进一步的自主创新，又发明了铁铝酸盐水泥，并于 1987 年获得国家发明二等奖。

（三）石灰石煅烧黏土水泥

石灰石煅烧黏土水泥（Limestone Calcined Clay Cement，LC^3）来源于瑞士联邦理工学院（洛桑）的研究，是一种由石灰石、煅烧黏土、石膏和熟料组成的水泥。与目前混合硅酸盐水泥中使用的主要辅助胶凝材料粉煤灰和矿渣相比，煅烧黏土更受关注和期待。这是由于，一方面，世界上许多地区粉煤灰和炉渣的供应有限，而黏土在世界范围内资源丰富；另一方面，与飞灰和矿渣相比，煅烧黏土的化学成分变化较小，性能更可预测和可控。

在 LC^3 中，石灰石与煅烧黏土会发生反应生成碳铝酸盐水合物，促进水泥水化，水化产物随着煅烧黏土掺量的增加而增加，因此

LC^3 在较高水泥熟料替代率时（可以达到50%），水泥仍具有较高的力学性能，从而减少碳排放。煅烧黏土所需的温度也相对较低，从而减少了燃料使用量。使用煅烧黏土与石灰石能显著优化水泥基材料的孔径结构，降低孔隙率，从而有效抑制有害介质的扩散侵入，提高混凝土抵抗氯离子侵蚀的能力。在同等条件下，煅烧黏土与石灰石复合胶凝体系的氯离子扩散系数较普通硅酸盐水泥低。尽管如此，煅烧黏土与石灰石复合胶凝体系的水化机理、长期性能仍需深入研究。

中国高岭土矿资源丰富，但高品质黏土主要还是应用于造纸、陶瓷、无线电、搪瓷、橡胶、冶金、轻工等高附加值行业，可应用于低碳水泥的低品质高岭土及黏土尾矿产出量有限；而煤系高岭土储量较大，作为低碳水泥应用潜力最大。

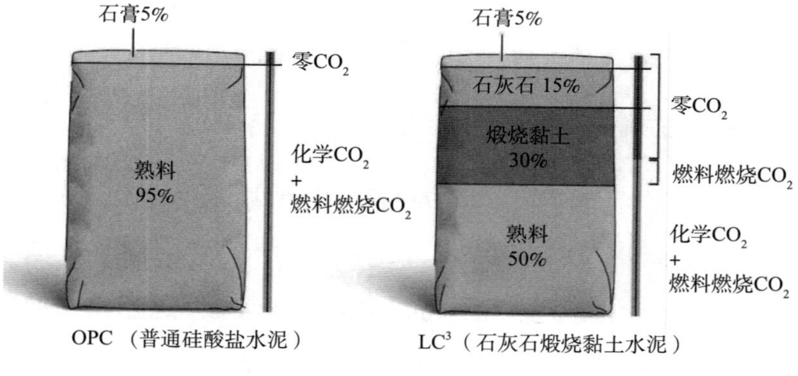

图 3-3　普通硅酸盐水泥与石灰石煅烧黏土水泥成分比较

资料来源：LC^3 Project/Zoï Environment Network 设计。

（四）Solidia 水泥

Solidia 水泥是一种非水化的硅酸盐胶凝剂，于 2016 年获得专利。它采用与普通硅酸盐水泥相同的原料，但 $CaCO_3$ 含量较低，煅烧温度约为 1200℃，可使 CO_2 排放量减少 30%。Solidia 水泥的总 C 和 S 的摩尔比约为 1，主要由硅灰石/假硅灰石组成，还有少量的硅钙石（13%重量）和贝利特（约 3%重量）。Solidia 水泥熟料的制备过程使用天然气作为燃料，在回转窑内反应生成 1～4mm 大小的“熟料”颗粒，经研磨后制成大小约为 12μm 的颗粒。Solidia 水泥的使用过程中不发生水化反应，而是通过碳化过程完成硬化。通过与砂石、沙子和少量水搅拌，然后将混合物置于含有 60%～90%CO_2 的环境下完成混凝土的硬化制备。

Solidia 水泥的特性之一是其固化过程可以捕获约 300kg/t 的 CO_2，并且仅受到气态 CO_2 扩散穿过颗粒的能力限制。Solidia 水泥形成的混凝土的物理性能与普通硅酸盐水泥相当，并且能在较短的固化期内达到。尽管 Solida 水泥是一种有前途的水泥，但由于其固化过程必须在非常受控制的 CO_2 浓度条件下进行，而迄今为止，这些条件只能在搅拌混凝土工厂中提供，这在一定程度上限制了 Solidia 水泥作为 OPC 替代品的广泛使用①。

（五）Celitement 水泥熟料

Celitement 水泥熟料是由德国卡尔斯鲁厄理工学院与德国 SCHWENK Zement 水泥集团合作研发，其组分为 92.8% 的 CS 和 7.2%的 H_2O。制备 Celitement 水泥熟料所采用的原理与原料都与传统硅酸盐水泥熟料不同，其原料组分主要为 CaO、$Ca(OH)_2$。Celite-

① Antunes M, Santos RL, Pereira J, et al. Alternative Clinker Technologies for Reducing Carbon Emissions in Cement Industry: A Critical Review [J]. Materials (Basel), 2021, 15 (1): 209.

ment 水泥熟料的技术要点在于生产 C-S-H 的前驱体 hCHS，hCHS 的结构与 C-S-H 的结构类似，仅少量化学组分不同。这种材料生产所需的能量较少，降低了该生产流程的碳排放。

该生产流程的反应器主要有两个：分解炉用于碳酸盐分解，其反应温度在 1000℃左右；高压反应釜用于分解炉反应产物在 200℃和 1.2MPa 的压力环境下发生水热反应。经过处理后，反应产物依赖强氢键保持稳定。反应产物经特殊研磨处理，将未参与反应的非晶态 hCHS 用于水化反应处理，形成稳定有序的 C-S-H 相，最终产物拥有与传统硅酸盐水泥熟料相似的性质。

Celitement 水泥熟料的生产方式与传统水泥熟料的生产原理完全不同，生产装置较为复杂，装置成本很高，对流程操作的要求较高。这种技术的具体应用限制很多，未来走向推广前所需经历的研究、试验及工业级应用都需要很长的时间。

（六）X-Clinker 熟料

X-Clinker 熟料由 CIMPOR 公司和 Técnico-Lisbon 公司联合开发，其组分主要为 94%非晶体和少量硅酸钙，相比传统水泥熟料生产可减少约 33%碳酸钙使用量并降低 27%碳排放。生产 X-Clinker 熟料所需的温度较高，达到 1550℃，在这一温度下原料将完全熔化，这可能导致在装置内发生等离子电弧反应，在这样的气氛里 CO_2 与 H_2 可能反应生成甲醇和其他碳氢化合物。

这种新型材料的反应活性主要取决于其非晶体相，硅酸钙相的含量很小但也会影响最终产物强度等特性，为保持最终产物高强度特性需要将硅酸钙相的含量控制到 6wt%以下。相比晶体相的 Si-O 键，非晶体相的 Si-O 键更为无序且容易发生熔解，这将进一步提升产物强度。将碱性催化剂（Na_2CO_3、NaOH 和 Na_2SiO_3 的混合物）加入 X-Clinker 熟料可影响其产物的机械强度和材料结构，碱性催化剂可激发原料的水化反应以实现更强的机械表现。一些研究表明，使用 Na_2SiO_3 或 3wt%的 Na_2O 后，最终产物的强度可与传统硅酸盐水泥相媲美。

这项技术的主要缺点在于制备过程所需达到的温度较高，甚至比传统硅酸盐水泥熟料制备所需的温度还高，生产中还要求形成 100%液相，这对水泥熟料生产装备提出了更高要求。

（七）硫氢镁化合物熟料

硫氢镁化合物熟料的优点是碳排放量极低，避免了碳酸钙分解产生碳排放和大量化石燃料燃烧产生碳排放。硫氢镁化合物的化学组成为 $3Mg(OH)_2 \cdot MgSO_4 \cdot 8H_2O$，这是一种基于氧化镁的类似于水泥熟料的镁熟料。原料组分主要是硅酸镁（$MgSiO_3$）。硫氢镁化合物熟料制备过程相比传统水泥熟料生产减少了 46.5%的能耗和所有碳酸钙分解产生的碳排放。与此同时，硫氢镁化合物中含有氧化镁，也可作为 CO_2 吸收材料。但目前这种熟料还未实现广泛应用，主要受原料来源少限制。

（八）碱激发胶凝材料

碱激发胶凝材料的优点是抗腐蚀性、热稳定性、防火性和耐磨性较强，生产过程的能耗和碳排放都远低于传统硅酸盐水泥。

碱激发胶凝材料是指通过使用具有火山灰活性或水硬性的原材料与一定量的碱性激发剂（如 NaOH、Na_2SiO_3、Na_2CO_3 等）进行化学反应，得到的一种具有良好性能的胶凝材料。目前，工业生产制造的废弃物如粉煤灰、工业矿渣、钢渣、钒尾渣等都含有大量硅铝酸盐，可被用作碱激发胶凝材料的原料。

根据含钙量的不同，碱激发胶凝材料可分为高钙体系（如碱激发矿渣等）和低钙体系（如碱激发低钙粉煤灰、偏高岭土等）。高钙体系的凝胶相主要为低钙硅比（Ca/Si）的水化硅铝酸钙凝胶［C-A(N)-S-H］，经碳化作用后会脱钙形成结构松散的水化硅铝酸钠而丧失强度。低钙体系的凝胶相主要是类沸石结构（如方沸石、方钠石等）的水化硅铝酸钠，基本不受碳化作用影响。

值得注意的是，碱激发胶凝材料原料组成不稳定、激发产物过于复杂、激发机理尚不明确，其碳化表现、抗碳化性能和长期耐久性未能像传统硅酸盐水泥一样得到广泛研究，这些因素都阻碍了碱激发胶凝材料的推广和应用。针对这些弊端，国内外的研究焦点主要有四方面：一是反应过程的机理研究，明确原料成分和成型稳定后的材料成分，用以反推碱激发胶凝材料的反应过程和反应机理。二是制备技术的优化，针对特定需求，探索其原料、配比、搅拌和养护等参数对产品性能的影响。三是碱激发胶凝材料的改性技术以使其应用到实际工程当中。四是采用非常规材料制备碱激发胶凝材料，实现工业废弃物的充分利用。

目前，碱激发胶凝材料也可在实际工程中找到具体应用场景：一是沥青公路存在开裂、沉陷、易损等特点，在修复沥青公路时采用就地冷再生技术——加入一定比例的碱激发胶凝材料，可提高沥青的利用效率并减少环境污染。二是利用碱激发胶凝材料对汽油田开采过程中制造的废弃物进行固化，由于碱激发胶凝材料具有环保、低碳、固化性能稳定的特点，其制备生成的固化物性能稳定。

由于碱激发胶凝材料低碳排放带来的环境效益，在国家倡议的绿色环保发展政策背景下，随着研究的深入，碱激发胶凝材料混凝土的应用场景会逐渐增加。碱激发凝胶材料未来在建筑行业的应用占比会逐步提高，有望成为普通水泥混凝土的替代产品。

三、碳捕集、利用与封存技术

水泥生产中约60%的碳排放来自原料中碳酸盐受热分解。由于目前尚未看到能完全替代石灰石、没有过程排放且能大规模应用的替代工艺，CCUS是水泥碳中和的必要技术。近年来随着各国碳中和进程的不断推进，高碳排放的水泥行业中涌现了一批耦合碳捕集技术的水泥生产新工艺，这些新工艺为水泥行业带来了新的减排工艺和技术。

（一）钙循环技术

钙循环技术的优点是钙循环碳捕集装置可与水泥熟料生产流程装置的分解炉耦合，该技术的吸收剂氧化钙可通过碳酸钙制备。

钙循环技术利用氧化钙和碳酸钙的相互转化实现 CO_2 的捕集和释放。钙循环技术在水泥熟料生产中的应用有两种方式：分体式钙循环技术和集成式钙循环技术。这两种技术都包含吸收反应器和分解器，其中，吸收反应器中 CaO 和工业废气中的 CO_2 反应生成 $CaCO_3$，分解器中 $CaCO_3$ 分解为 CaO 和 CO_2。分体式钙循环技术将钙循环装置与水泥熟料生产线相连接，直接处理熟料生产尾气中的 CO_2。一些研究者认为，可将钙循环装置中的分解器与水泥熟料生产线中的分解炉整合为一个反应器，这种技术为集成式钙循环技术。集成式钙循环技术将熟料生产线与钙循环装置整合，减少了装置成本。分体式钙循环技术装置流程如图3-4所示。

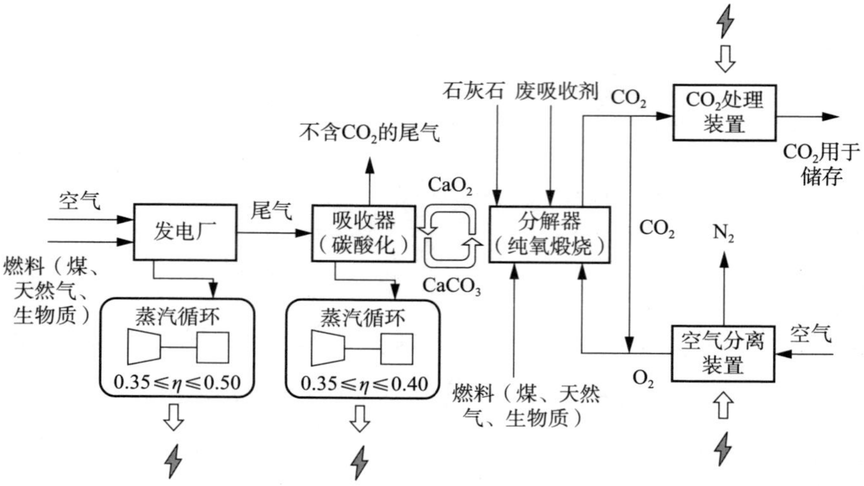

图 3-4　分体式钙循环技术装置流程

各国研究者针对钙循环技术在水泥熟料生产领域的应用做了一系列中试试验。分体式钙循环技术的中试试验装置量级多集中在1M~2MWth。钙循环技术在中国台湾花莲水泥工厂建设了工业化实验线，目前仍处于运行状态。

集成式钙循环技术是欧洲水平线 CLEANCER 项目资助研究的项目之一，该项目计划将集成式钙循环技术装置应用于意大利 Vernasca 水泥厂，目前中试试验已完成，下一步将进行工业示范级装置的建设及运行。

钙循环技术的主要缺点是能耗和装置成本较高。但是，集成式钙循环技术的装置由于与水泥熟料生产装置进行了耦合，可降低其生产能耗，研究结果表明其能耗将比分体式钙循环技术的能耗低 25%。

（二）LEILAC 技术

LEILAC（Low Emissions Intensity Lime and Cement）技术是针对水泥熟料生产工艺开发的碳捕集技术，能够将碳酸盐分解产生的 CO_2 进行捕集。此外，该技术可应用化石燃料、氢能和电能作为热源，为水泥熟料生产碳中和的实现提供了新的可能。

LEILAC 技术设计了非接触式煅烧热交换塔以替代部分或全部分解炉的作用，其热交换塔由两部分组成：管状反应器（生料分解区域）和管外加热区域（气体燃料燃烧加热或电加热）。该反应器的设计理念为将固体石灰石被加热分解生成 CO_2 这一反应脱离空气氛，因而反应生成的 CO_2 可以直接捕集而不涉及与空气分离，无须气体分离装置。LEILAC 非接触式煅烧热交换塔与熟料生产装置流程如图 3-5 所示。

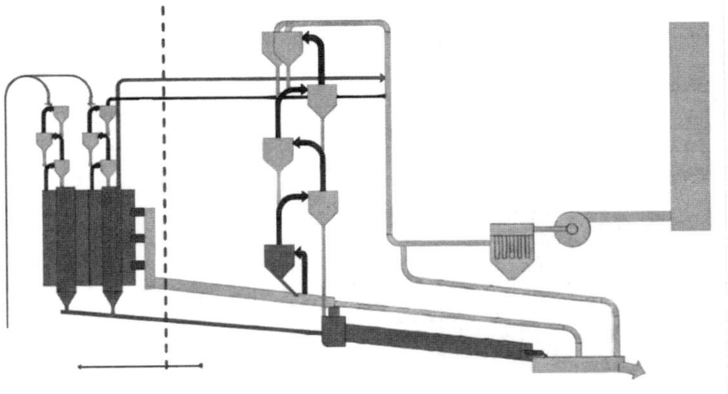

图 3-5　LEILAC 非接触式煅烧热交换塔与熟料生产装置流程

该技术捕集的 CO_2 纯度可以达到 95%。现阶段该技术使用天然气作为加热燃料，一些实验表明，电力加热也是可行的。

目前 LEILAC 项目第一阶段在比利时的海德堡水泥厂进行实验，将非接触式煅烧热交换塔与传统熟料生产流程整合在一起，热交换塔承担部分 $CaCO_3$ 分解，可捕获 5%碳排放。第二阶段在德国海德堡水泥厂进行实验，将扩大非接触式煅烧热交换塔的产能以实现每年捕获 20%碳排放，约为 10 万吨 CO_2，并将测试电力加热和其他替代燃料燃烧加热的可行性。

（三）外燃式旋窑捕集技术

外燃式旋窑实现了原料分解碳排放和化石燃料燃烧碳排放的分离，便于碳酸盐分解所产生的 CO_2 的捕集。

外燃式旋窑捕集技术的关键设备为外燃式旋窑和燃烧室，外燃式旋窑在生产过程中会被加热至 850～1150℃，原料中碳酸盐分解后产生的 CO_2 被输送至 CO_2 液化或固化装置来生产液态 CO_2 或固态干冰。燃烧室内发生煤气燃烧反应为外燃式旋窑中原料分解提供热能，该技术的原理如图 3-6 所示。

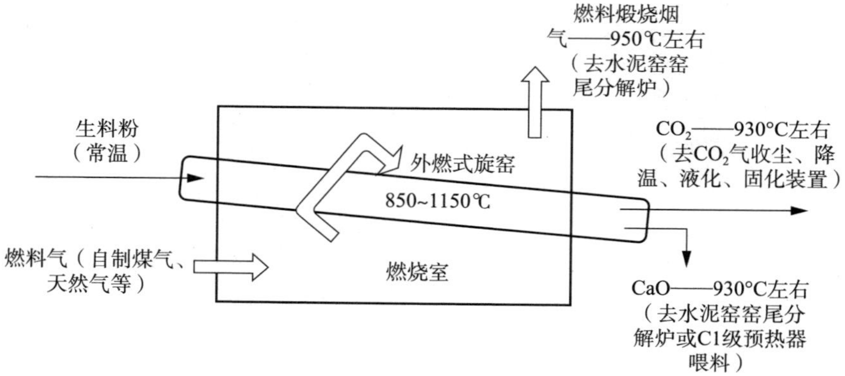

图 3-6　外燃式旋窑捕集技术原理

但值得注意的是，CO_2 液化装置和 CO_2 固化装置所需电能较大，综合来看，应用外燃式旋窑、CO_2 液化装置、煤气生产装置等一系列改造将增加流程电耗。在煤耗方面，据外燃式旋窑捕集技术项目组研究测算，使用该技术对全流程煤耗的影响不大，年增加煤消耗量在 265 吨左右。该技术在福建某水泥企业建设示范线，采用“外燃式高温煅烧矿物质旋窑生产技术及装备”对现有的三条新型干法水泥窑生产线进行改造，分别配套建设新型干法水泥窑 CO_2 捕集纯化示范项目，合计年捕集纯化（减排）CO_2 达 15 万吨。

四、替代燃料技术与协同处置技术

替代燃料技术与协同处置技术既有相似又有不同，相似之处是都可以一定程度替代部分化石燃料，不同之处是技术目的不同、标准规范也不同。常见的替代燃料技术包括垃圾衍生燃料技术、固体回收燃料技术等，常见的协同处置技术有水泥窑协同处置生活垃圾、水泥窑协同处置污泥等。

（一）替代燃料技术

替代燃料技术是指选用农林废弃物、生活垃圾、工业废料、废轮胎、废塑料等废弃物经过预处理后制成专门的具有一定热值的燃料，或是用氢、氨等燃料实现对化石燃料替代的技术（见表 3-1）。在这些技术应用恰当的情况下，可以达到降低碳排放，资源循环利用等目的。目前，我国的水泥生产替代燃料技术水平和替代燃料应用规模与发达国家相比仍存在一定差距，继续发展的主要困难是替代燃料的标准体系不完善、替代燃料跨区域流通难、热值达不到要求、部分替代燃料造价高、部分替代燃料成分复杂、含有危险废物等。

表 3-1 水泥行业主要替代燃料类型及在全国分布情况

替代燃料	热值（MJ/kg）	产量（万 t/a）	主要分布地	主要优势	主要劣势
垃圾衍生燃料（RDF）、固体回收燃料（SRF）	16~22	未知	全国	原料分布广泛	产品含水量高
农林废弃物等生物质	14~21	350000	河南、黑龙江、山东等	原料分布广泛	产品含水量高、有季节性
糠醛渣	16~20	400~500	山东、河南、河北等	原料来源稳定	产品含水量高、硫含量高
干市政污泥	8~12	5500	全国	产品产量高	产品处置技术不成熟、含沙量高、有机质低、热值低
轮胎衍生物	25~30	2000	全国	产品热值高	产品价格高

资料来源：中国水泥协会。

（二）水泥窑协同处置生活垃圾

水泥窑协同处置可燃性生活垃圾的技术原理：对垃圾进行预处理后，分选或利用各种垃圾焚烧炉（包括气化炉）焚烧产生的热量送入分解炉内燃烧，可替代部分燃料。其优势在于：由于水泥回转窑内高温和碱性环境特点，且窑内热力强度大，燃烧时间长，利用水泥窑协同处置生活垃圾可避免二噁英的产生。同时焚烧灰渣作为原料配料通过煅烧进入水泥熟料，或者作为混合材料掺入水泥产品。水泥窑炉焚烧城市生活垃圾和处理危险废物，既可以充分利用垃圾的热值来替代煤炭燃烧，又可以解决“垃圾围城”的问题，是今后水泥企业转型发展的重要方向。

水泥窑协同处置生活垃圾及各种废弃物与其他方式处置废弃物相比具有节能环保优势。粗略计算，利用新建或已建水泥生产线协同处置垃圾，项目通常投资为 1 亿~1.5 亿元，视熟料生产线大小、垃圾处理量、配套设施建设等而有所差异，例如，溧阳天山水泥窑协同处置项目投资为 1.05 亿元（5000t/d），中材安徽项目投资为 1.2 亿元（4500t/d）等。总体来看，投资金额比建一套同等处理规模的垃圾焚烧发电厂投资低。同时，垃圾可以部分替代水泥生产中的原料和燃料。以海螺铜陵已投产的 5000t/d 水泥熟料生产线为例，按可实现日处理量 300～600t 垃圾计算，年可实现节约标准煤 1.35 万～2.7 万 t（与垃圾热值有关）。

经济效益方面，地方政府对水泥窑处置 1t 生活垃圾的补贴在 75～140 元。根据运行经验，如采用机械分选+水泥窑处置的工艺，每吨生活垃圾的运行成本为 130～150 元，如采用垃圾气化+水泥窑处置的工艺，则每吨生活垃圾的运行成本为 150～200 元。和生活垃圾焚烧发电相比，水泥窑协同处置生活垃圾减少了国家对上网电价的补贴（每吨生活垃圾按 280 度电计算，上网电价 0.65 元/度），因此，基本上处于赔本经营或略微持平的状况。

（三）水泥窑协同处置污泥

城镇污水处理厂污泥、工业污泥、河道清淤污泥含水率均在 60%以上。污泥处置可综合考虑水泥厂生产情况、污泥泥质、污泥处理量等，分别选择污泥干化脱水工艺或污泥直接入窑工艺。

水泥窑协同处理污泥技术在无害化、资源综合利用和经济性等方面有很多优势。水泥窑热容量大，温度高且稳定，完全能够消除有害气体，可以大量处理污泥，使污泥最终转化成水泥熟料产品，无废弃物遗留。优势是相关设施投资少，建设周期短，不占用土地资源，能充分利用一次资源。污泥作为水泥生产替代燃料时，应将污泥经干化或脱水工艺系统进行处理。干化处理后的污泥入窑焚烧，应满足在高于 850℃ 温区内，气体停留时间大于 2s 的要求，从而达到抑制二噁英产生的目的。

利用水泥窑生产产生的余热干化污泥（直接干化技术或间接干化技术，含水80%的污泥干燥至含水30%~40%）或未经干化（含水80%的污泥），送入水泥窑尾烟室焚烧，可替代部分燃料和原料。焚烧污泥过程产生的二噁英等有害物质，经水泥窑分解炉、预热器和生料磨系统的吸收处理后，远低于排放标准。污泥中的重金属随焚烧灰渣作为原料通过煅烧进入水泥熟料而达到固化。

投资方面，由于污泥处置与水泥生产协同进行，焚烧设备及部分尾气设备公用，不需额外建焚烧炉，因此水泥窑协同处置污泥项目总体投资较少，为1.5亿~2亿元，视污泥处理量、配套设施建设而有所差异。例如，冀东海德堡（泾阳）水泥协同处置污泥项目投资为1.7亿元（污泥处理能力为800t/d）。

（四）替代燃料技术与协同处置技术的区别

应当注意，替代燃料技术与水泥窑协同处置有所区别。国家发展改革委《产业结构调整指导目录（2019年本）》（已失效）也首次对“水泥窑协同处置废弃物”和“水泥窑替代燃料技术”做了区分。水泥窑协同处置技术是根据所处置废物的物理形态、包装方式、化学特性等制定针对性的处置方案，从生料磨、分解炉或窑门罩等位置进行投加，在进行熟料或水泥生产的同时，实现对废物的处置，这些步骤通常缺乏可燃物的统一标准，仅能够满足特定水泥企业的使用要求。尽管这种处理可以回收一部分废弃物热值，但其热值贡献并不足以稳定替代化石燃料。替代燃料技术则专注于燃料的属性，应当符合国家统一标准，并具有严格的质量控制要求。替代燃料可以直接供用能单位使用，无须进行复杂的预处理。目前，这两项技术的区别缺乏清晰界定，管理部门和市场主体认识不够准确，经常将协同处置技术视作替代燃料技术的一部分。水泥企业普遍建立了自己的协同处置系统，处置生活垃圾和一般固体废弃物，但并不能形成热值的稳定供应和对化石燃料的稳定替代。同时，现有专门的替代燃料生产单位因其产品未能获得作为“燃料”的清晰认定，产品价值未能充分实现，生产积极性也受到影响。

五、粉磨领域节电技术

（一）新型粉磨装备

粉磨是水泥生产过程中用电量最大的环节。水泥生产称之为“三磨一烧”工序，“三磨”即生料制备、煤粉制备和水泥粉磨，其电量消耗占水泥生产综合电耗的72%，其中，生料粉磨电耗约占水泥生产总电耗的24%，水泥粉磨电耗约占水泥生产总电耗的38%。因此，积极推广新型粉磨设备和粉磨工艺，是水泥行业的重要节能减排措施之一。

立磨粉磨生料：通过立磨粉磨作用，大幅度提高粉磨效率；通过窑尾（或窑头）高温废气的引入，进行原料的烘干和选粉，大幅度提高生产能力，实现节能。与球磨机相比电耗可降低30%左右。

辊压机终粉磨生料：通过辊压粉磨作用，提高能量的利用率及粉磨效率；利用窑尾（窑头）废气，通过V形选粉机进行选粉和烘干联合作业，满足了粉磨兼烘干的需求。系统电耗为15~18kWh/t，与球磨机相比电耗降低40%左右。

辊压机+球磨机联合粉磨：采用辊压机+V形选粉机作为预粉磨，再通过球磨机粉磨组成联合粉磨系统磨制水泥产品，可提高粉磨效率，有效降低粉磨电耗。与传统的球磨粉磨相比，粉磨每吨水泥可节约电量8~10kWh，降低电耗20%~30%。

（二）水泥粉磨优化提升技术

基于增加料床粉磨做功比重的理论方法，低能耗水泥粉磨成套技术装备进行了系统创新，有多种不同的选项如纯球磨改联合（辊压机、立式辊磨联合粉磨系统），小辊压机改大辊压机，增加高效三分离选粉或高效选粉机，可降低水泥粉磨系统电耗。应用水泥粉磨优化提升技术，系统单位水泥电耗预计可降低23~26kWh/t。

（三）变频调速改造

许多水泥厂的电机（尤其是大功率电机）通过调节挡风板的开启角度等机械调节方法来满足不同的用风量，这种操作方式的缺点有五个：一是电机及风机的转速高，负荷强度重，电能浪费严重。二是调节精度差，控制不精确。三是启动电流对电网冲击大。四是机械冲击大，设备使用寿命低。五是噪声大，粉尘污染严重等。这些大功率且连续运行的电机耗电量高是水泥制造成本居高不下的一个重要因素。据统计，在水泥制造成本中电费成本约占总成本的30%，因此，很有必要对相应耗电量大的电机做一些工艺上的节能改造，利用节电的效果来降低水泥的制造成本、扩展经营上的利润空间和提高市场竞争力。

变频器是将电网电压提供的恒压恒频转换成电压和频率都可以通过控制改变的转换器，使电动机在变频电压的电源驱动下发挥更好的工作性能。通过采用交流变频调速系统可以减少风和水在阀门及挡板上的能量损耗，因为水泵和风机的平方率负载特性，节能效果非常可观。泵类和风机对变频器选型要求不高，通过使用变频器可以实现20%左右的节能效果。变频改造后具有以下特点：一是不需满负荷运行，节电效果好。二是具有软起功能，降低负荷强度，延长设备使用寿命。三是启动电流小，相当于增加电网容量。四是调节风量精度准确。五是不需旁通放风，减少水泥粉尘污染。六是及时保护电机和其他设备，保证设备可靠运行等。

六、新型二代干法水泥技术

新型二代干法水泥技术是指以悬浮预热和预分解技术为核心，利用现代流体力学、燃烧动力学、热工学、计算流体力学、粉体工学等现代科学理论和技术，采用计算机及其网络化信息技术进行水泥工业生产的综合技术。

新型二代干法水泥技术是一个集成概念，其特点是节能减排、协同处置、低碳技术、绿色发展。包括：①推广高能效烧成技术、回转窑高效密封技术等，提高烧成系统热效率、减少散热损失；②推广信息化、数字化、智能化控制与管理技术，实现数字赋能；③改造升级余热发电系统，提高余热发电量；④推广高效粉磨技术，减少外购电带来的碳排放等。根据已经装备新型二代干法水泥的生产线实际数据进行分析，同等规模、同等生产条件下，新型二代干法生产线的吨熟料综合能耗比传统干法生产线低 10%甚至更多。

在投资方面，新型二代干法水泥项目投资与熟料生产线规模密切相关。例如，湖州槐坎南方水泥有限公司打造的 7500t/d 水泥熟料生产线，该生产线总投资 8.96 亿元；宁夏青铜峡水泥股份有限公司建设的日产 4000t 二代新型干法节能环保绿色智能示范项目，该项目总投资 5.2 亿元。总体来看，新型二代干法水泥生产线建设投资平摊到每吨熟料产能为 12 万~15 万元。

从目前世界水泥工业技术发展趋势看，在相当长的时期内，水泥还是主要的基础原材料，没有一种突破性工艺技术在近期可以替代预热预分解烧成工艺。考虑核心技术的提升与创新程度有限，原始创新难度较大，第二代新型干法的水泥生产技术创新可能更多地体现在集成创新方面，并将为水泥行业深度脱碳打下坚实基础。

七、数字化改造升级

水泥企业数字化升级技术路径是，在智能装备、智能生产、智能运维、智能运营、智能决策等五大维度，打造“数据、算力、算法、场景和全链路”的技术集群，实现水泥生产线层级的生产管控智能决策、自动化专家系统、智能优化控制及自主寻优。

东华科技“工业大脑”项目是水泥行业数字化升级的典型案例。对于水泥“工业大脑”来说，大数据的应用是将原来师傅在“传帮带”中教授的内容，更高效地通过机器传递出来，让机器知道“学习”哪些数据是有用的，然后自动优化，让生产环节更精准、快速、省力。具体到项目执行层面，整个过程被分为以下四步：数据预处理、模型搭建、机器学习和在线控制。水泥“工业大脑”要实现两个目标：①能耗优化，预期将生产煤耗、电耗降低2%，带来节约成本和减少碳排放效果；②稳定产品质量，因为水泥熟料的强度波动越小，越有助于下游水泥粉磨企业的成本控制，所以，项目预期要将熟料三天强度的标准差降低5%。实测数据显示，经过大数据上线测试，台时增加2.19%，研磨效率提高2.74%，电耗降低4.26%，磨内用水降低5.98%。

水泥行业数字化升级项目受数字化程度、模型构建、结果运用等因素影响，投资会有较大差异。经过调研部分企业后发现，数字化升级项目投资为300万~2000万元。经数字化升级，吨熟料综合能耗可降低3%~8%，投资回报期普遍在两年以内，具有较好的成本效益。

八、主要技术应用展望

本书综合考虑技术水平、成本效益、适用范围、减碳潜力等因素，以及水泥行业深度脱碳目标约束、碳价格等潜在影响，对上述低碳技术应用进行了研判。首先，根据水泥行业专家建议，为减少细分技术的不确定性干扰、突出部分影响力大的技术路径，将上述低碳技术进行重新组合和拆分，现分为以下八个类别：低碳熟料与新型胶凝材料、新型二代干法水泥、富氧燃烧、数字化应用、替代燃料、可再生能源、氢能窑炉和 CCUS 技术。其次，将研判标准分为"技术成熟度"和"外部条件依赖度"两个维度，技术成熟度是指低碳技术本身情况，包括技术自主化程度、可靠性、产业化能力等，外部条件依赖度是指低碳技术所需要的外部依赖，包括对资源获取渠道、能源基础设施等的依赖程度。最后，对八个类别低碳技术发展和应用前景进行研判，结果如图 3-7 所示。

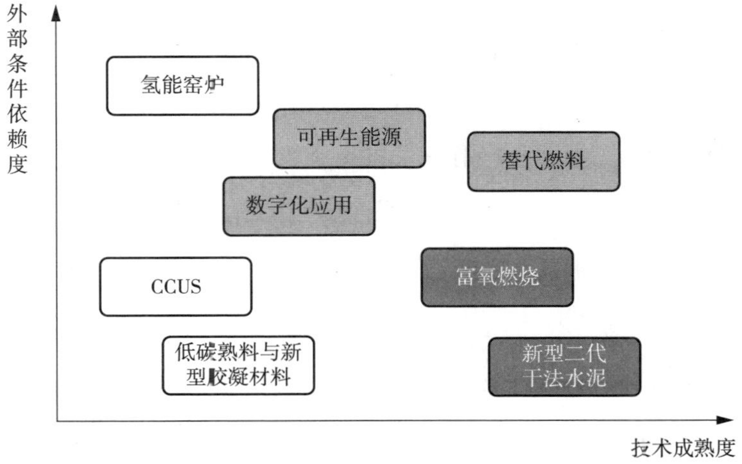

图 3-7　水泥行业主要低碳技术发展展望及策略

位于坐标系右下方，即技术成熟度高、对外部依赖度要求低的低碳技术，具备在近期大力普及的潜力和能力。例如，新型二代干法水泥技术，近几年新上水泥熟料生产线基本都采用了该技术，实践证明，该技术具有高稳定性、高生产效率、高能源利用效率等特点，是近期水泥行业节能改造的重点。位于坐标系左上方，即技术成熟度低、对外部依赖度要求高的低碳技术，距离商业化远、不确定性大，宜根据相关技术进步和配套体系建设情况，妥善谋划布局。位于坐标系右上方，即技术成熟度高、对外部依赖度要求也较高的低碳技术，例如，水泥窑焚烧生物质等替代燃料技术，虽然技术本身不存在明显障碍，但对生物质回收体系及背后的物流系统的依赖度高，换言之，并非某水泥企业能独自解决，此类低碳技术在推广过程中，需要考虑外部依赖问题，形成内部应用与外部依赖的统一。位于坐标系左下方，即技术成熟度较低、对外部依赖度要求也较低的低碳技术，企业可根据自身技术储备和应用场景，因地制宜、一企一策地做好研发和示范工作。

综上所述，新型二代干法水泥、富氧燃烧等低碳技术，已具备快速普及可行性，近期可针对新建生产线和重点地区生产线进行应用。替代燃料、数字化应用、可再生能源等低碳技术，需要结合外部依赖情况，有序谋划应用。氢能窑炉、CCUS、低碳熟料等低碳技术，距离大规模应用尚需时日，宜做好跟踪和技术储备工作。需要强调的是，各低碳技术应用前景受政策影响较大，如水泥行业碳排放约束、碳价格等，每个企业的生产条件、装备水平、减碳意愿不同，也会影响低碳技术应用。

第四章

水泥企业未来碳排放测算模型构建

一、模型构建思路

水泥行业的碳排放量由每家水泥企业的碳排放量加总构成。为精确估算目标年（未来任意一年）某一水泥企业的 CO_2 排放总量，常见的一种思路是，对目标年该企业的产品产量以及原料用量、能源消耗量、电力用量等做出估计，并根据所使用的原料和能源等的含碳量和 CO_2 排放系数，计算企业在整个生产过程中的 CO_2 排放总量。这种是一种“自下而上”的统计核算思路，以之为基础，可以衍生出各种各样的模型工具，来获取目标年某水泥企业的 CO_2 排放总量。但是，在实践中，一些原料和能源用量大、种类多，且技术类型和产品结构复杂的大型水泥企业采用这类统计方法，往往可能导致出现数据和信息的统计工作量大、计算过程烦琐的情况，造成过高的人力物力投入，增加企业成本和负担。

为避免上述情况，且同样达到对企业目标年 CO_2 排放总量进行准确估计的目标，本书不采用“自下而上”的逐一统计核算思路，而采取基准年法的思路，即在水泥企业已有 CO_2 排放核算年度历史数据的基础上，逐一考察未来可能对企业 CO_2 排放总量有影响的变量的变化情况，并采取“抽丝剥茧”的方式，推导某一变量与企业 CO_2 排放总量之间的函数关系，并建立 CO_2 排放总量的总体计算模型，这样一来，将目标年的全部变量值准确输入模型后，即可经由模型结果，准确得到企业未来某一年度的 CO_2 排放总量。这一模型的优点是，可以通过观察不同变量取值对企业 CO_2 排放总量的影响，来对这些变量进行合理调控，即对企业的生产计划、经营目标等进行合理调整。

影响水泥企业未来 CO_2 排放总量的变量有很多，其中，有些变量对 CO_2 排放总量的影响大，称为主要变量；有些变量对 CO_2 排放总量的影响小，甚至非常微弱，称为非主要变量。本书研究采取对影响大的主要变量和影响比较大的非主要变量逐一精确分析，而对影响微弱的非主要变量做简化分析或打包处理的方式，来进行模型构建。

如本书前面相关章节所述，目前国内外已有许多关于水泥行业实现零碳排放或负碳排放的路径措施研究，特别是自碳达峰碳中和目标提出以来，国内机构和学者对我国水泥行业如何进行低碳转型的研究更是大大加强，相关基于技术、成本、生态环境效益和社会效益等的讨论也十分热烈。认真梳理来看，目前公认的水泥行业减碳措施主要包括：减少水泥和熟料产品的使用、碳酸盐原料的替代、低碳熟料/低碳水泥/新型胶凝材料的开发、提升能源使用效率和节约能源、能源替代（各种废弃物、生物质燃料、天然气、绿色氢能、绿色电力等）、固碳用碳新技术等。

考虑水泥生产过程中，与熟料生产相关的 CO_2 排放占主要份额，本书在水泥企业未来碳排放测算模型构建过程中，将上述水泥行业减碳措施按照熟料相关和非熟料相关进行划分，熟料相关部分包含熟料产量减少、原料替代、低碳熟料/低碳水泥/新型胶凝材料、节能提高能效、能源替代、固碳用碳六个方面，非熟料相关部分（非熟料工序减碳）作为一个方面。在此基础上，逐一考察各个方面中，

对企业 CO_2 排放总量有影响的变量，分析变量中碳元素的来源及流向，推导变量与最终 CO_2 排放量之间的函数关系，并对必要的参数赋值，由此得到上述七个方面中，目标年相对于基准年的 CO_2 排放量的变化计算公式。例如，为得到某一水泥企业目标年的熟料生产工序中，通过原料替代措施进步而产生的 CO_2 排放减少量。首先，结合企业发展目标和资源获取、技术应用和经济投入等方面的可行性，对该企业目标年熟料生产中的原料替代率进行估值。其次，考察目标年原料替代率相对于历史基准年原料替代率的提升量。最后，计算新增原料替代部分 CO_2 排放量相对于原碳酸盐原料 CO_2 排放量的减少量，即可得到目标年原料替代措施进步为企业贡献的 CO_2 减排量。

二、模型公式体系

相关模型公式体系如下。

某水泥企业在目标年第 j 年的 CO_2 排放总量 E_j 为：

$$E_j = E_0 - \sum_{i=1}^{n} \Delta e_{i,j}$$

其中，E_0 表示基准年企业 CO_2 排放量；$\Delta e_{i,j}$ 表示目标年第 j 年企业采取减碳措施[①] i 后带来的 CO_2 减排量（相比基准年）。

（一）减碳措施 1：减少熟料产量变化

在当前水泥生产实践中，熟料产量的变化对 CO_2 排放总量有较

① 注：如果目标年企业的熟料产量有所增加，或者出现了原料替代率和能源替代率降低等与减少 CO_2 排放相反的情况，仍然可以套用该公式体系，只是计算得出的对应 CO_2 减排量数值为负，即 CO_2 排放量实际为增加。

大影响。关于水泥企业未来熟料产量的预测，可以依据市场需求、行业形势、企业发展规划等来综合判断赋值。当熟料产量减少时，会带来 CO_2 的减排。CO_2 减排量计算公式为：

$$\Delta e_{1,j}=CE_{1,j}-CE_0$$

$$CE_{1,j}=CE_0\times\frac{C_j}{C_0}$$

其中，$\Delta e_{1,j}$表示企业在第 j 年因减碳措施 1 而产生的熟料工序 CO_2 排放变化量（相比基准年）；$CE_{1,j}$表示企业在第 j 年熟料产量为 C_j 的情况下，基于基准年的生产工艺和 CO_2 排放结构而产生的熟料工序 CO_2 排放量（下同）；CE_0 表示企业在基准年熟料工序 CO_2 排放量；C_j 表示企业在第 j 年熟料产量（下同）；C_0 表示企业在基准年熟料产量（下同）。

（二）减碳措施 2：原料替代

碳酸盐原料在生产过程中分解产生的 CO_2 排放，在一般水泥生产企业中占 60% 以上，实施碳酸盐原料替代，可以有效降低企业 CO_2 排放总量。目前可采用的替代原料主要有电石渣、粉煤灰、燃煤炉渣、钢渣、铜渣等。未来企业的原料替代率，可以综合考虑替代原料的可获得资源种类和供应来源予以赋值。CO_2 减排量计算公式为：

$$\Delta e_{2,j}=\frac{C_j}{C_0}\times a_j\times(m_j-m_0)\times\frac{M_0}{m_0}$$

其中，$\Delta e_{2,j}$表示在考虑减碳措施 1 的基础上，企业在第 j 年因减碳措施 2 而产生的熟料工序 CO_2 排放变化量（相比基准年）；a_j 表示企业在第 j 年熟料产品中常规熟料占比（下同）；m_j 表示企业在第 j

年常规熟料产品中的原料替代率；m_0 表示企业在基准年熟料产品中的原料替代率；M_0 表示企业在基准年熟料生产中使用替代原料产生的 CO_2 减排量。

（三）减碳措施 3：低碳熟料/低碳水泥/新型胶凝材料

开发更低能耗、更少碳酸盐原料使用的低碳熟料工艺，或者基于全新理念开发能够满足建筑性能需求的、代替传统波特兰水泥的新型胶凝材料是降低 CO_2 排放的“治本之策”。但是，由于当前波特兰水泥技术成熟、价格低廉、应用场景广泛，在可预见的时间内被大规模替代并不现实，因此，可以着重从一些对水泥产品有特殊性能要求的应用场景中，考虑低碳熟料/低碳水泥/新型胶凝材料的用量，并对相关参数予以赋值。CO_2 减排量计算公式为：

$$\Delta e_{3,j}=CE_{1,j}\times V_p\times(1-a_j)\times\Delta l_j$$

其中，$\Delta e_{3,j}$表示在考虑减碳措施 1 的基础上，企业在第 j 年因减碳措施 3 而产生的熟料工序 CO_2 排放变化量（相比基准年）；V_p 表示企业基准年熟料工序 CO_2 排放中工艺生产过程排放所占比例。Δl_j 表示企业在第 j 年生产低碳熟料/低碳水泥/新型胶凝材料相对于常规熟料的石灰石节约比例。

（四）减碳措施 4：节能提高能效

模型对水泥企业的节能提高能效措施打包划分为三个部分：“二代”技术改造节能、富氧燃烧等专门工艺节能和系统节能（采用数字化技术、管理优化、系统优化等产生的节能）。需分别考察三部分节能提效措施预期产生的节能量和在企业所拥有的生产线中的推广率。CO_2 减排量计算公式为：

$$\Delta e_{4,j}=CE_{1,j}\times V_f\times(ef_{1,j}+ef_{2,j}+ef_{3,j})$$

$$ef_{1,j}=p_{a,j}\times ef_{a,j}+(1-p_{a,j})\times ef_{b,j}\times g_{a,j}$$

$$ef_{2,j}=ef_{c,j}\times g_{b,j}$$

$$ef_{3,j}=ef_{d,j}\times g_{c,j}$$

其中，$\Delta e_{4,j}$表示在考虑减碳措施 1 的基础上，企业在第 j 年因减碳措施 4 而产生的熟料工序 CO_2 排放变化量（相比基准年）；$ef_{1,j}$表示企业在第 j 年因使用二代先进技术而产生的节能率；$ef_{2,j}$表示企业在第 j 年因使用富氧燃烧等专门技术而产生的节能率；$ef_{3,j}$表示企业在第 j 年因使用数字化等先进管理措施而产生的节能率；$p_{a,j}$表示企业在基准年至第 j 年，通过减量或等量置换而新建的累计熟料产能占企业第 j 年当年全部熟料产能比例；$ef_{a,j}$表示企业在第 j 年新建产能相比淘汰产能的单位产能节能率；$ef_{b,j}$表示企业在第 j 年既有产线技改产生的单位产能节能率；$g_{a,j}$表示企业在第 j 年既有产线技改推广率；$ef_{c,j}$表示企业在第 j 年采用富氧燃烧等专门技术产生的单位产能节能率；$g_{b,j}$表示企业在第 j 年富氧燃烧等专门技术推广率；$ef_{d,j}$表示企业在第 j 年采用数字化等先进管理措施产生的单位产能节能率；$g_{c,j}$表示企业在第 j 年系统节能推广率；V_f 表示企业基准年熟料工序 CO_2 排放中燃料燃烧排放所占比例（下同）。

（五）减碳措施 5：能源替代

该部分是指对水泥企业生产过程所使用的煤炭的替代率（如果一些水泥企业有微量的其他化石燃料使用的情况，则可以按照实际单独计算）。

1. 不含绿电占比提高、天然气及绿氢代煤

在替代燃料减排量计算中，按照等热值替代的方法进行计算。即 1 单位的煤炭被替代，需要有对应能够产生同等有效热值的替代

燃料。目前常见的替代燃料有高碳替代燃料如化工废物、废塑料等，也有煤矸石、煤渣、生活垃圾、生物质燃料等低碳或零碳燃料。模型根据生产调研数据将替代燃料划分为高碳、中等、低碳和零碳四部分进行计算。在模型应用中，也可根据燃料种类和用量对公式和参数进行灵活调整。CO_2 减排量计算公式为：

$$\Delta e_{5-1,j}=Q_j\times[(\Delta s_j-\Delta s_0)\times(q_c-q_j)+\Delta s_0\times(q_0-q_j)]\times\frac{CE_{1,j}\times V_f-\Delta e_{4,j}}{CE_{1,j}\times V_f}$$

$$q_j=(q_{l0}\times lc_j+\in_1\times q_{l0}\times mc_j+\in_2\times q_{l0}\times hc_j)\times\frac{sf_j}{sf_0}$$

其中，$\Delta e_{5-1,j}$表示在考虑减碳措施 1、4 的基础上，企业在第 j 年因减碳措施 5-1 而产生的熟料工序 CO_2 排放变化量（相比基准年）；Q_j 表示企业在第 j 年熟料产量为 C_j 的情况下，基于基准年的生产工艺和 CO_2 排放结构而使用的熟料工序总有效热值（下同）；Δs_j 表示企业第 j 年熟料工序燃料替代率（不含绿电、天然气及绿氢）（等热值法）（下同）；Δs_0 表示企业基准年熟料工序燃料替代率（不含绿电、天然气及绿氢）（等热值法）；q_c 表示企业基准年熟料工序使用的化石燃料单位热值 CO_2 排放量（等热值法）（下同）；q_j 表示企业在第 j 年熟料工序使用的替代燃料（不含绿电、天然气及绿氢）单位有效热值 CO_2 排放量（等热值法）；q_0 表示企业在基准年熟料工序使用的替代燃料（不含绿电、天然气及绿氢）单位有效热值 CO_2 排放量（等热值法）；q_{l0}表示企业在基准年熟料工序使用的替代燃料（不含绿电、天然气及绿氢）中低排放强度燃料的单位有效热值平均 CO_2 排放量（等热值法）；lc_j 表示企业第 j 年熟料工序使用的替代燃料（不含绿电、天然气及绿氢）中低排放强度燃料有效热值占比；$\in_1$ 表示企业使用的替代燃料中中等排放强度燃料平均排放强度与低排放强度燃料平均排放强度的比值；mc_j 表示企业第 j 年熟料工序使用的替代燃料（不含绿电、天然气及绿氢）中中等排放强度燃料有效热值占比；$\in_2$ 表示企业使用的替代燃料中高排放强度燃料平均排放强度与低排放强度燃料平均排放强度的比值；hc_j 表示企业第 j 年熟料工序使用的替代燃料（不含绿电、天然气及绿氢）中高排放强度燃料有效热值占比；sf_j 表示企业第 j 年熟料工序使用的替代燃料（不含绿电、天然气及绿氢）的热能利用率；sf_0 表示企业基准年熟料工序使用的替代燃料（不含绿电、天然气及绿氢）的热能利用率。

2. 绿电占比提高

根据目前的 CO_2 排放计算方法，在不考虑生命周期排放的情况下，使用非化石能源产生的绿色电力，CO_2 排放一般按零计算。CO_2 减排量计算公式为：

$$\Delta e_{5-2,j}=CE_{1,j}\times V_e\times ge_j$$

其中，$\Delta e_{5-2,j}$表示在考虑减碳措施 1、4 的基础上，企业在第 j 年因减碳措施 5-2 而产生的熟料工序 CO_2 排放变化量（相比基准年）；ge_j 表示企业在第 j 年熟料工序所使用的电力中绿色零碳电力占比（扣除余热发电）（下同）；V_e 表示企业基准年熟料工序 CO_2 排放中所用电力的间接排放占比。

3. 天然气代煤

使用少量天然气替代煤炭，可能是部分水泥企业未来的选择之一。CO_2 减排量计算公式为：

$$\Delta e_{5-3,j}=Q_j\times gas_j\times(1-\Delta s_j)\times q_c\times\frac{CE_{1,j}\times V_f-\Delta e_{4,j}-\Delta e_{5-1,j}}{CE_{1,j}\times V_f}\times(1-\sigma)$$

其中，$\Delta e_{5-3,j}$表示在考虑减碳措施 1、4 和 5-1 的基础上，企业在第 j 年因减碳措施 5-3 而产生的熟料工序 CO_2 排放变化量（相比基准年）；gas_j 表示企业在第 j 年熟料工序中天然气代煤比例；σ 表示等热值天然气与煤炭燃烧产生的 CO_2 排放相对比例。

4. 绿氢代煤

使用来自风、光等可再生能源的绿色氢能替代煤炭，是水泥企业中远期实现降碳的选择之一。CO_2 减排量计算公式为：

$$\Delta e_{5-4,j}=Q_j\times H_j\times(1-\Delta s_j)\times q_c\times\frac{CE_{1,j}\times V_f-\Delta e_{4,j}-\Delta e_{5-1,j}}{CE_{1,j}\times V_f}$$

其中，$\Delta e_{5-4,j}$表示在考虑减碳措施 1、4 和 5-1 的基础上，企业在第 j 年因减碳措施 5-4 而产生的熟料工序 CO_2 排放变化量（相比基准年）；H_j 表示企业在第 j 年熟料工序中绿氢代煤比例。

（六）减碳措施 6：固碳用碳

在可预见的未来，即便全部以零碳能源替代煤炭，水泥行业由于碳酸盐原料的使用仍然产生大量 CO_2 排放，CCUS 技术和钙循环、植物碳汇等固碳用碳技术将是水泥行业实现净零排放的必要选择。CO_2 减排量计算公式为：

$$\Delta e_{6,j}=C_{CCS,j}+C_{sink,j}$$

其中，$\Delta e_{6,j}$表示企业在第 j 年因减碳措施 6 而产生的熟料工序 CO_2 排放变化量（相比基准年）；$C_{CCS,j}$表示企业在第 j 年碳捕集、利用与封存 CO_2 量；$C_{sink,j}$表示企业在第 j 年钙循环、植物碳汇等吸收的 CO_2 量。

（七）减碳措施 7：非熟料工序减碳

非熟料工序减碳包括水泥工段、矿山工段、辅助及附属设施部分的减碳，主要体现为电力消费减少而导致的 CO_2 间接排放降低。CO_2 减排量计算公式为：

$$\Delta e_{7,j}=E_{ex,0}-E_{ex,j}$$

$$E_{ex,j}=E_{ce,j}+E_{o,j}-E_{ex1,j}-E_{ex2,j}$$

$$E_{ce,j}=e_{e/c}\times CE_{1,j}\times(1-O_j)$$

$$E_{ex1,j}=(E_{ce,j}+E_{o,j})\times ef_{o,j}$$

$$E_{ex1,j}=(E_{ce,j}+E_{o,j})\times ge_j$$

其中，$\Delta e_{7,j}$表示企业在第 j 年因减碳措施 7 而产生 CO_2 排放变化量（相比基准年）；$E_{ex,0}$表示企业基准年非熟料工序 CO_2 排放量；$E_{ex,j}$表示企业在第 j 年非熟料工序 CO_2 排放量；$E_{ce,j}$表示企业在第 j 年非熟料工序阶段水泥生产产生的 CO_2 排放量；$e_{e/c}$表示企业在基准年非熟料工序和熟料工序 CO_2 排放量的比例；$E_{o,j}$表示企业在第 j 年除熟料工序和水泥生产外其他用能产生的 CO_2 排放量；$E_{ex1,j}$表示企业在第 j 年非熟料工序因节能产生的碳减排量；$E_{ex2,j}$表示企业在第 j 年因使用绿电而产生的碳减排量；O_j 表示企业在第 j 年生产的熟料中外售熟料占比；$ef_{o,j}$表示企业在第 j 年非熟料工序能效提高节能率。

第五章

水泥企业低碳发展的关键指标分析和展望

在本章中，将结合前一章的水泥行业未来 CO_2 排放核算模型，以单个水泥企业为研究对象，逐个分析对水泥企业碳排放有影响的关键变量的未来变化走势。分析的时间跨度为 2020 年至 2060 年前，其中，2020—2030 年区间段的分析精确到年，2030—2060 年的区间段则以 5 年或更长跨度为分析单元。关键变量包括：企业熟料产量、企业市场占有率、常规熟料原料替代率、低碳熟料/新型胶凝材料占比、熟料系数、燃料替代率、替代燃料中生物源燃料成分占比、天然气及绿氢替代煤炭比例、绿色电力占比、二代技术应用节能率、富氧燃烧技术应用节能率、管理能效提升节能率，以及碳捕集、利用与封存 CO_2 量等，共分布在产能产量展望、原料结构展望、能源结构展望、节能提效展望、碳移除和碳汇展望五个方面。

一、产能产量展望

影响企业碳排放与产能产量相关的指标主要有两个，即企业熟料产量和企业的外售熟料比例。如前文所述，由于熟料生产环节是水泥企业碳排放的主要来源，如果企业减少熟料产量，会大致成比例地降低企业的碳排放总量。

（一）企业熟料产量判断方法

企业的熟料产量预测应该放在全国水泥市场的大背景下，从全国水泥产品的供求关系出发，结合企业的发展战略和发展规划进行。以此为思路，本书提出的企业熟料产量计算公式为：

企业在目标年的熟料产量＝目标年全国熟料产量×目标年该企业市场占有率

首先，综合分析宏观经济形势、与水泥需求密切相关的行业发展形势，确定目标年全国的水泥产品以及熟料产品的消费需求；其次，根据目标年全国的熟料消费需求确定对应的目标年全国熟料产量；最后，根据企业发展规划，确定企业在目标年的市场占有率预期情况，二者乘积即为企业在目标年的熟料产量。

（二）全国熟料产量预测

水泥是国民经济建设的重要基础原材料，水泥产品广泛应用于工业、农业、交通、水利、国防、民用等各种类型的建筑工程中。水泥供需与基础设施建设密切相关，属于典型的投资拉动型行业，与全社会固定资产投资规模有着十分密切的关系，其变动趋势与国民经济、全社会固定资产投资规模的变动较为一致。同时，水泥行业属于资源、能源消耗型行业，其发展与石灰石、煤炭、电力等行业密切相关。由于水泥生产工艺简单、技术门槛不高、价格低廉，同时体积重量较大、运费高、保存时间较短，因此，其生产和销售具有一定运输半径的限制，且具有区域性特征。

如本书第一章所述近年来，我国水泥行业的发展经历了两个阶段。第一阶段，2009—2013 年，我国水泥产量飞速增长。第二阶段，2014 年至今，水泥产量进入一个平台波动和缓慢下降的时期。2022 年，受经济下行压力持续加大、房地产市场探底等多重因素冲击，水泥需求低迷且贯穿全年。2023 年房地产行业进入深度调整阶段，虽然基础设施建设、制造业保持稳中有增的发展态势，但难以弥补下降空间，水泥产量创2011年以来新低。2015—2023年全国水泥及熟料产量如图5-1所示。

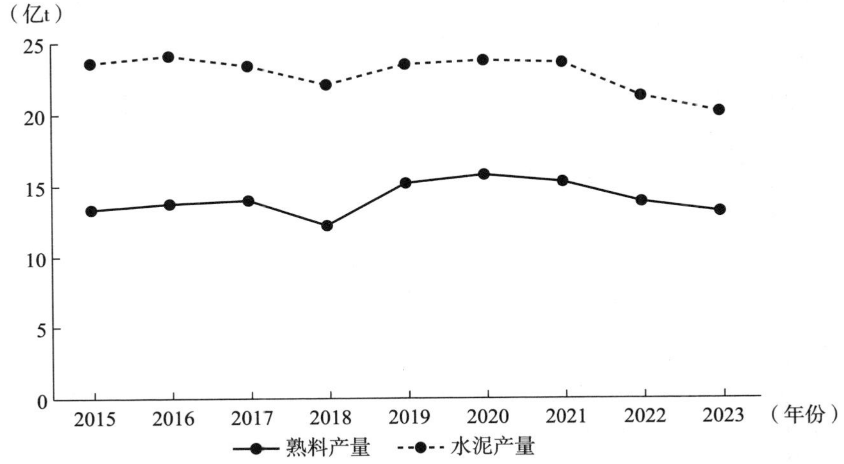

图5-1　2015—2023年全国水泥及熟料产量

资料来源：笔者根据国家统计局、中国水泥协会及其他公开资料分析整理。

今后一段时间，考虑到城镇化建设、基础设施建设增速相较以前可能放缓，特别是房地产行业在经济承压、地产周期下行、居民消费投资意愿疲软等多重负面因素冲击下深度调整仍在继续，水泥行业的总需求和总产量可能继续处在震荡波动期，或呈现缓慢下行的趋势。远期看来（2060年前），我国城镇化进程基本稳定、基建需求减量，参考已完成工业化城镇化的国家，在后工业化阶段，人均水泥消费量为500kg左右，考虑到我国国土面积和建筑物水泥消费特点与国外不同（建筑原材料中使用水泥更多），中远期人均消费量按800kg考虑，2060年人口规模按10.8亿考虑，水泥产量在8.64亿t左右，水泥中熟料系数按0.7进行取值，则到2060年熟料总产量约为8.64亿t×0.7≈6亿t（见图5-2）。而据中国水泥协会和落基山研究所发布的《加速工业深度脱碳：中国水泥行业碳中和之路》，随着中国经济发展模式的调整，投资构成中建筑工程投资比重将逐渐降低，节能环保、技术改造及科技等方面的投入不断加大，单位GDP和投资额拉动水泥消费的能力不断降低。熟料需求将从2021年的15.5亿t减少到2050年的5.6亿t，水泥需求将从2021年的23.8亿t减少到2050年的7.5亿t。这与本书的分析预测在大趋势上是一致的。

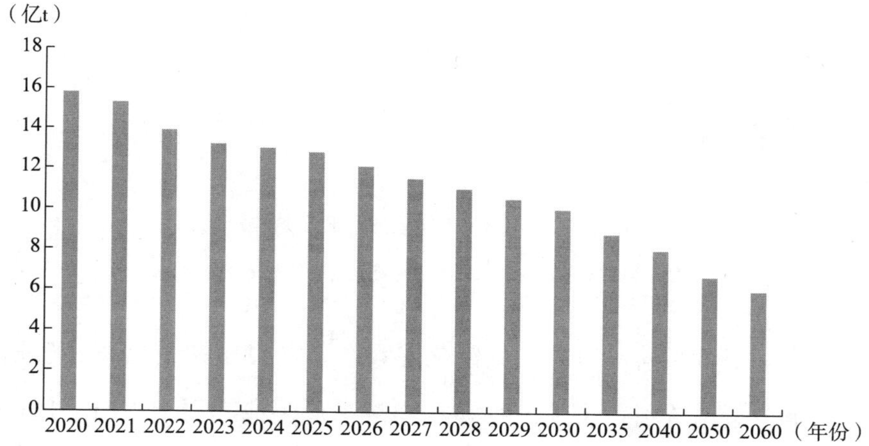

图5-2 全国熟料产量变化趋势

资料来源：笔者分析。

（三）企业市场占有率预测

从产能来看，水泥行业仍存在产能过剩的问题，截至2023年底，全国运营中的新型干法熟料生产线超过1500条，熟料实际产能接近18亿t。其中，2500t/d及以下水泥熟料生产线约600条，合计熟料产能约4亿t，占全国熟料产能的22%左右。国家出台了一系列相关政策，如限制新增产能、鼓励企业兼并重组、提高环保标准等，以优化产业结构。

2022年7月7日，工业和信息化部、国家发展改革委与生态环境部三部门联合印发《关于印发工业领域碳达峰实施方案的通知》，通知要求“严格落实钢铁、水泥、平板玻璃、电解铝等行业产能置换政策，加强重点行业产能过剩分析预警和窗口指导，加快化解过剩产能。完善以环保、能耗、质量、安全、技术为主的综合标准体系，严格常态化执法和强制性标准实施，持续依法依规淘汰落后产能”。2022年11月2日，工业和信息化部、国家发展改革委、生态环境部与住房和城乡建设部联合印发的《建材行业碳达峰实施方案》提出了引导低效产能退出，严格落实水泥行业产能置换政策，加大对过剩产能的控制力度，坚决遏制违规新增产能，确保总产能维持在合理区间，提高水泥产品质量和应用水平，促进水泥减量化使用等政策措施。

随着供给侧结构性改革的深入，水泥和熟料行业开始逐步向高质量发展转变，生产能力优化重组，不具有规模优势、技术落后的生产线将被淘汰或置换，产能利用率有所提升，行业集中度也将不断提升，几家头部企业将会有更多市场占有率。在此背景下，应结合企业发展实际来展望规划企业在市场上的占有率。

二、原料结构展望

从碳减排的角度，水泥原料替代最重要的内容即减少碳酸盐的使用量。《建材行业碳达峰实施方案》在“推动原料替代”部分明确提出，强化产业间耦合，加快水泥行业非碳酸盐原料替代，在保障水泥产品质量的前提下，提高电石渣、磷石膏、氟石膏、锰渣、赤泥、钢渣等含钙资源替代石灰石比重，全面降低水泥生产工艺过程中的二氧化碳排放。加快高贝利特水泥、硫（铁）铝酸盐水泥等低碳水泥新品种的推广应用。研发含硫硅酸钙矿物、黏土煅烧水泥等材料，降低石灰石用量。在本书“水泥行业重大碳减排技术综述”一章，也对重要的低碳水泥熟料、低碳水泥和新型胶凝材料进行了论述。

中国水泥协会和落基山研究所联合发布的《加速工业深度脱碳：中国水泥行业碳中和之路》报告中认为，调整水泥品种结构可进一步创造减碳价值，主要有三条路径：熟料替代，即控制水泥中的熟料用量，降低单位水泥碳强度；原料替代，即替换原料中的部分石灰石，降低过程排放；新品种低碳水泥，即生产不基于硅酸钙的新型熟料体系。首先，适当控制水泥的熟料系数可以起到降碳作用，可出台更具体的水泥产品标准来适配市场需求和不同应用场景，在确保水泥质量与适用性的同时保留部分低熟料系数的水泥标号。其次，原料替代技术是指利用工业废渣等替代一部分石灰石原料，适合作为降低熟料碳强度的短期措施。最后，新型低碳熟料体系不基于硅酸钙熟料，具有所需 CaO 含量低、烧成温度低、碳排放低的特点，未来有望占更高的市场份额。

水泥行业专家高长明认为①，应大幅调整水泥品种构成，由传统的以单一的普通硅酸盐水泥（OPC）为主，转型为以多元的各种品种/性能水泥兼收并蓄地构成。少用碳排放高达 935kgCO_2/t. cl. 的熟

① 高长明．我国水泥工业实现碳中和的五大减碳技术路径及其权重［J］．中国水泥，2022（8）：24-26.

料，少用碳排放 852kgCO_2/t. c. 的高标号水泥，提升低标号低碳水泥的使用占比。具体为：①PC32. 5+PO32. 5 水泥占比，由 2021 年的 23%上升到 2050 年的 40%。意在充分发挥低标号 32. 5 水泥的减碳效能。②煅烧黏土水泥（LC^3）、低熟料含量水泥（LCC）、新型低碳胶凝材料（SCMs）、高贝利特水泥、硫（铁）铝酸盐水泥、地矿胶凝材料（Geopolymers）、Solidia 水泥、Celitement 水泥、Vertua 水泥等的占比由 2021 年的 3%上升到 2050 年的 25%。各种类型低碳水泥的创新和突破是主要的攻关课题。③PO42. 5 水泥的占比由 2021 年的 48%下降到 2050 年的 20%。意在降低 OPC 的占比。④PO52. 5 水泥的占比由 2021 年的 26%下降到 2050 年的 15%。意在减少高标号水泥的占比。⑤总计熟料系数 CF 由 2021 年的 0. 64 降低到 2050 年的 0. 50 以下。贯彻少用熟料，多用深加工的混合材替代部分熟料的减碳方针。

此外，国际能源署以及多家其他国际研究机构①关于水泥品种结构和原料替代减碳价值的论述，与上述研究中的表述基本一致。

在本书企业未来碳排放测算模型中，衡量碳酸盐用量减少的指标，选取了常规熟料的原料替代率和低碳熟料/新型胶凝材料占全部熟料产品的比重两个指标。

（一）常规熟料的原料替代率

近年来，国内外水泥生产行业致力于突破现有硅酸盐水泥熟料矿物体系，降低高钙矿物含量、提高低钙矿物含量或引入其他低钙矿物组分，研究开发新的低碳水泥体系。熟料和水泥产品中碳酸盐

① IEA，CSI，WBCSD. Technology Roadmap for Low Carbon Transition in the Cement Industry. March 2018.

原料的替代率呈上升趋势。当前，熟料和水泥生产的主要替代原料为：电石渣、粉煤灰、燃煤炉渣、钢渣、铜渣等。从目前基于常规熟料的技术发展趋势看，可供开发的替代原料种类和数量存量规模已大致确定，在未来某一时间（如 2035 年）碳酸盐原料替代率达到 15%后基本上将达到上限水平从而保持稳定。《加速工业深度脱碳：中国水泥行业碳中和之路》中提到的中远期原料替代率的峰值同样为 15%。

（二）低碳熟料/新型胶凝材料占比

目前，世界各国水泥工业生产和使用的绝大多数是波特兰水泥（OPC），占水泥总量的 90%以上。OPC 具有生产技术成熟、成本相对低廉、应用场景广泛的优势，在可预见的未来，对其实现大规模替代的可能性较小。但是，OPC 是高碳高钙的水泥，其碳足迹高达 720~846kgCO_2/t 水泥。因此，研发推广低碳低钙新品种水泥（或称新型胶凝材料），逐步减少 OPC 的用量，是水泥工业 CO_2 减排的一个有效途径。但是，正如国际能源署《技术路线图：水泥行业的低碳转型》中所指出的，高贝利特、硫铝酸钙（CSA）、高贝硫铝酸钙（BCSA）、基于硅酸钙碳化（CACS）熟料等替代性胶凝材料虽然有更大的减碳效益，但是当前仍然受制于高昂的生产成本、较大的原材料获取难度和特殊有限的应用场景，许多国家和地区缺乏采用替代胶凝材料的动力，对各种替代材料技术进行技术经济性评价的条件仍然不成熟，在较长一段时间内，只能当作试验性、小规模和特殊类型的产品，难以对传统 OPC 水泥的市场份额形成影响。在远期，随着 Solidia 水泥、煅烧黏土水泥（LC^3）、活性氧化镁水泥、低碳 Aether 水泥、碱激发地矿胶凝材料等新型低碳、零碳和负碳胶凝材料技术的不断进步和成熟，以及经济性更加合理，部分产品有望实现工业化的批量生产和应用。

（三）熟料系数未来有所降低

水泥成品中熟料所占比例称为熟料系数（Clinker Factor，CF）。水泥产品碳足迹中，熟料成分的碳排放量占比最大，碳排放强度最高，因此，降低水泥成品中的熟料用量是降低水泥产品碳排放强度的重要方法。世界水泥协会和欧洲水泥协会均把降低熟料系数作为重要的降碳措施，其中，欧洲水泥协会预计，欧盟27国水泥工业从目前的状态达到碳中和的状态，水泥熟料系数将由75%降低到70%。但是，也应看到，熟料系数与最终水泥产品的强度、产品标号等质量标准密切相关，要在保证产品严格符合生产和使用规范的情况下，采取降低熟料系数的措施。而且，我国水泥产品结构与国外的水泥产品结构有所不同，国外水泥熟料系数普遍在0.72~0.86，水泥产品结构中32.5水泥的占比在11%~30%，我国的情况却相反，直到2015年前后，由于水泥中大量添加混合材等原因，低标号的32.5水泥仍然占比较高，在70%左右。此后，出于化解过剩产能、淘汰技术落后的小粉磨站等原因，国家标委会于2019年10月1日正式取消了PC32.5水泥，我国水泥产品结构中高标号水泥占比逐步提高。总体来看，降低水泥熟料系数这一降碳措施对我国来说并非一个单向的、简单调整各标号产品比例即可具有效果的措施，而是需要结合我国的实际情况，以优化调整水泥产品结构、提升水泥产品品质为目标，该升则升、该降则降，最终保持水泥熟料系数在一个相对平衡而合理的区间。

三、能源结构展望

燃料替代是水泥行业用能去碳的最重要途径之一，欧盟水泥工业燃料替代率在50%以上，部分工厂甚至实现100%替代。我国燃料替代发展尚处初级阶段，但提升空间巨大：从燃料替代技术路径看，近期可使用固体废物燃料、生物质燃料，远期可考虑其他新型燃料，如氢能、电力等。固体废弃物燃料是较适合水泥行业的燃料替代方案，未来可替代量为0.2亿~0.6亿t标准煤。但如本书第三章所述，我国水泥工业的替代燃料技术发展较晚，现有技术主要是水泥窑协同处置技术，属于固体废物利用的初级阶段，替代燃料标准体系不健全、热值不稳定、定位不清晰等问题亟待解决。我国水泥生产的替代燃料热值替代率（Thermal Substitution Ratio，TSR）仍然只有几个百分点，部分愿意在这个领域研发投入的大型水泥企业比例更高一些，与世界上具有先进燃料替代技术水平的水泥生产企业相比仍有较大差距。

（一）煤炭替代

水泥生产过程中使用的主要燃料为煤炭，煤炭具有高碳特征，在所有化石燃料中碳氢比最高，在燃烧产生相同热值的情况下，碳排放量最大。使用低碳或零碳燃料实现对煤炭的替代，可以显著降低水泥产品的碳排放强度。目前，在水泥生产实践中，替代燃料一般为可燃固体废弃物，在实现能量供应的同时，同步实现固体垃圾协同处置的目的。已经被水泥企业用于燃烧的固体废弃物种类包括废油、废轮胎、废玻璃钢、鞋厂下脚料、RDF成品、废纸、废木制品、煤泥、化工废物、塑料、废溶剂、废活性碳、生活垃圾、煤矸石、废漆渣、燃煤炉渣、污泥、精馏残渣、废可燃包装物等。这些替代燃料有的含碳量高，有的含碳量低或者无碳排放，有的则处于中等水平，热值也不尽相同。提高水泥生产的替代燃料使用率，应该尽量使用低碳或零碳排放的燃料替代煤炭，而少用高碳的塑料、废油、化工有机废物等，因为后者从减少碳排放角度没有太大意义。

1. 燃料替代率

我国水泥行业正在努力提高替代燃料的使用比例。主要措施包括：降低塑料、废油、化工有机废物等高碳替代燃料的使用比例；扩大生物质燃料的供给，提高替代燃料中生物源燃料成分的占比；改进工艺，提高替代燃料的热值有效利用率。从国外实践来看，墨西哥 Cemex 公司在英国的水泥厂有 60%采用了由城市垃圾、市政污泥等生物质废弃物制成的衍生燃料 Climafuel、RDF、SRF 等。欧盟水泥工业替代燃料的热量替代率 TSR 在 50%以上，德国达到 70%，挪威已达 90%。英国 Ribblesdale 水泥厂采用由灰氢 39%、动物骨肉 12%和废甘油 49%混合物组成的替代燃料，每年可减排二氧化碳 18 万 t。在我国，由于水泥生产规模庞大，考虑对替代燃料的需求量达到一定水平后，社会有效供给可能不足（受存量资源规模、资源运输距离、其他行业对替代燃料资源的需求、价格因素等影响），全社会平均替代燃料比例可能不会上升到像欧洲先进水平那么高。

2. 替代燃料中生物质燃料占比

我国的生物质资源主要有发电和非电利用两种方式。在生物质发电方面，截至 2023 年底，我国生物质发电装机规模为 4414 万 kW，其中农林生物质发电装机 1688 万 kW，垃圾焚烧发电装机2577 万 kW，沼气发电装机 149 万 kW；在生物质非电利用方面，据不完全统计，截至2023年底，我国生物质固体成型燃料年利用量约2600万t，生物天然气年利用量约3亿m^3，生物液体燃料年产量约650万t。据中国产业发展促进会生物质能产业分会的《3060零碳生物质能发展潜力蓝皮书》预测，我国生物质资源产生量呈不断上升趋势，总资源量年增长率预计维持在1.1%以上。预计2030年我国生物质总资源量达到37.95亿t，到2060年我国生物质总资源量将达到53.46亿t。2024年2月29日在北京召开的生物质助力双碳政策研讨会暨石元春院士新书《决胜生物质二十年》发布会指出，生物质能在我国能源市场占比仅为1%，与世界平均水平相差10倍，但已从早期的小、散、乱逐渐走向规模化、标准化、市场化，行业发展正处在成长的爆发期。

总体来看，未来一段时间，水泥行业使用生物质燃料作为替代燃料的比例还有不少空间，但是从中远期看来，随着碳达峰碳中和进程推进，生物质燃料的零碳特征将受到更大重视，生物质的各种加工利用方式将不断得到创新和拓展，水泥行业应用生物质燃料的规模也可能受到一定挤压，继续提升生物质燃料在水泥行业替代燃料中的占比受到限制。水泥企业可以尽早开展可获取生物质资源的调查，如秸秆、锯末、甘蔗渣、稻糠等，为企业绿色低碳转型创造基础条件。

3. 天然气及绿氢替代煤炭比例

天然气虽不能帮助水泥行业实现燃料的零碳排放，但相对煤炭来说，其碳含量低、热值高，因此，可能在未来的水泥行业降碳脱碳进程中扮演重要的过渡燃料角色；不过，使用天然气作为替代燃料也面临着增加企业成本、需要对原有燃煤设备工艺技术进行改造等挑战。综合各方面情况来看，今后水泥行业中可能会有少量天然气的应用，结合国家碳达峰碳中和进程，可能在2035—2050年达到一个使用比例的相对高点，到2060年国家实现碳中和时完全退出。

在氢能方面，我国政府把氢能及燃料电池列为能源科技创新重要战略方向。碳达峰、碳中和目标的提出为我国氢能产业快速发展提供了更为广阔的空间。近年来，国家相关部委密集出台多项政策文件，从规划指导、财政补贴、标准制定、降低关税等多方面推动氢能产业发展。2022年3月，国家发改委、国家能源局联合印发《氢能产业发展中长期规划（2021—2035年）》（以下简称《氢能规划（2021—2035)》），提出要以绿色低碳为方针，加强氢能的绿色供应，营造形式多样的氢能消费生态。地方政府也纷纷出台氢能产业发展规划或指导意见。当前，我国的氢气来源主体仍然是化石燃料制备（仍然会产生碳排放），由风、光等新能源制取的绿色氢能占比较少，仍处于起步阶段，在未来几年，大规模应用的可能性较小。中长期看来，随着碳达峰碳中和进程推进，绿氢技术作为众多低碳技术路线中的一种，可能随着成本下降、技术进一步成熟而在水泥生产中发挥重要作用。

应当说明的是，在本书水泥企业未来碳排放测算模型中，天然气代煤和绿氢代煤的比例是在扣除常规燃料替代及节能后的比例，以保证各项措施之间的降碳贡献不会重复计算。

（二）绿色电力的应用

水泥企业熟料和水泥生产中的电力消耗量大，其产生的间接排放是碳排放的重要组成部分。在碳排放统计上，水泥企业所用电力依照来源进行计算，如果是从电网统一购电，其碳排放按照企业所在区域的电网排放因子进行计算。近年来随着我国电源结构的不断低碳化，电网排放因子逐渐降低，企业碳排放总量也相应减少。如果是企业自己开发风力、太阳能等新能源使用，这部分电力对应的间接排放在水泥企业碳排放核算中计为零（如果按全生命周期统计则仍将有少量碳排放）。

绿色电力占比：绿色电力一般指风电、太阳能发电、水电、生物质发电、地热能发电、海洋能发电等可再生能源电力。可再生能源发电过程中不产生或很少产生对环境有害的排放物，且不需消耗化石燃料，因此被称为绿色电力。大力发展可再生能源，推动绿电消费已成为全球应对气候变化、推动绿色低碳转型的一致行动。近年来，我国可再生能源开发利用规模快速增长。截至 2023 年底，全国新能源和可再生能源发电装机容量突破 15 亿 kW，在全国发电总装机中的比重突破 50%。2023 年，我国可再生能源年发电量约 3 万亿 kWh，约占全社会用电量的 1/3。其中风电光伏发电量 1.43 万亿 kWh，约占全社会用电量的 15.8%，高于 13%的全球平均水平。

未来随着我国电网结构中新能源占比提高，以及部分水泥企业自产部分新能源电力，所用电力中的绿电占比将不断提高。根据国家能源局预测，到 2025 年，可再生能源的年发电量将达 3.3 万亿 kWh 左右，也就是说，在“十四五”期间可再生能源发电量的增量在全社会用电量增量当中的占比也要超过 50%，其中风电、太阳能的发电量将在“十三五”末的基础上实现翻番，全国可再生能源电力总量占全社会用电的权重将从“十三五”18%的基础上增长到 33%，非水的消纳权重将达到 18%。南方电网公司 2021 年发布的《数字电网推动构建以新能源为主体的新型电力系统白皮书》预测，到 2030 年和 2060 年，我国新能源发电量占比将分别超过 25%和 60%。

四、节能提效展望

在未来碳排放测算模型中，水泥企业碳排放的减少量通过能源节约量来计算，能源节约量则通过采用减碳措施后所带来的节能率计算。如前文所述，本书按照“企业节能率=二代技术应用节能率+富氧燃烧技术应月节能率+管理能效提升节能率”来区分处理。从总体上看，二代水泥技术经过多年的迭代发展，基于现有生产工艺的节能空间已不是太大，一般认为有15%左右的空间；富氧燃烧等专门技术的采用，可能带来较大的节能减碳效果，也是值得期待的；数字化智能化管理的推广和应用，将从整合系统资源、提升系统效率的角度，带来节能效果。

（一）二代技术应用节能率提升

本书将二代技术定义为除富氧燃烧和数字化智能化技术之外水泥行业新技术的统称，包含新型干法水泥的核心技术悬浮预热和预分解技术的创新及预烧成短流程窑、高固气比水泥悬浮预热预分解技术、流化床水泥窑等具有绿色低碳特点的水泥生产新技术的研发和应用。一方面，企业通过减量和等量置换产能，淘汰老旧生产线，升级为拥有先进能效水平的生产线；另一方面，企业对现有生产线进行整体或局部的技术改造，也可以提高能效水平。

（二）富氧燃烧技术应用节能率上升

富氧燃烧具有诸多优点：①可以提高煤的活性，降低煤的理论燃烧温度，进而提高煤的燃烧速度、燃尽率；②可以提高燃烧的集中度和火焰强度，增加燃烧热量的利用率；③能够提高火焰的绝对温度，进而提高燃烧温度，减少热损失；④可以提高辐射温度和强化辐射传热，将燃料燃烧释放的能量更多地传给物料，减少其释放出的能量随废气流失造成的浪费。我国水泥企业采用富氧燃烧技术后，可以带来百分之几到百分之十几的能源利用效率的提升。

（三）企业管理及系统优化提升节能率

企业管理及系统优化提升节能率是指采用数字化智能化技术等手段，提升系统运行效率，从而降低资源能源消耗。水泥产业的智能制造是基于新一代信息通信技术与先进制造技术深度融合，贯穿于设计、生产、管理、服务等制造活动的各个环节，具有自感知、自学习、自决策、自执行、自适应等功能的新型生产方式。其优势在于通过针对工厂实际物理模型，将工厂划分为物料管理、质量管控、生产管理、设备运维、智能决策等方面，以解决传统工厂实际生产过程中的问题为主线，建立完整的数字化工厂系统。通过统一的业务标准和数据标准，形成从管理优化到生产优化的完整流程，在运营层面和生产层面将工厂打造成智能制造生产线。通过大数据、人工智能、信息通信、智能仪表、在线分析、图像识别、三维仿真、专家优化控制等先进技术，建立基于数字孪生的水泥智能化工厂。

通过以上各种节能提效手段，使水泥和熟料的单位产品综合能耗逐步降低，从而带来碳排放的减少。新发布的 GB 16780—2021《水泥单位产品能源消耗限额》对 2012 版《水泥单位产品能源消耗限额》进行了修订，细化了对不同类型水泥企业单位产品能耗限额的要求，也进一步提升了各等级单位产品能耗限值要求（见表 5-1）。

表 5-1　2021 版与 2012 版水泥单位产品能耗指标

指标名称	能耗限额等级及限额值		
	3 级（限定值）	2 级（准入值）	1 级（先进值）
水泥单位产品综合能耗/(kgce/t)	≤94（98）	≤87（93）	≤80（88）
熟料单位产品综合能耗/(kgce/t)	≤117（120）	≤107（115）	≤100（110）
熟料单位产品综合电耗/(kWh/t)	≤61（64）	≤57（60）	≤48（56）
熟料单位产品综合煤耗/(kgce/t)	≤109（112）	≤100（108）	≤94（103）
水泥制备工段电耗/(kWh/t)	≤34（40）	≤29（36）	≤26（32）

注：括号内为 2012 版的值。

资料来源：GB 16780—2021《水泥单位产品能源消耗限额》及 GB 16780—2012《水泥单位产品能源消耗限额》。

在非熟料工序环节，企业通过工艺改进、系统优化和管理优化等措施，也可以实现能效水平的提升，在现有基础上，预计未来有 10%～15%的节能空间。在碳排放模型中，非熟料工序按照水泥工段、矿山工段、辅助及附属设施进行区分，矿山工段将推广新能源矿车和无人驾驶矿车技术，显著提升采矿运输工作效率，降低柴油消耗。辅助及附属设施将大量采用节能电机、变频节能空压机、智能照明系统、LED 光源替代高压钠灯等，持续降低能源消耗。减碳量的来源应考虑能效提高带来的节能减排量和电力使用中绿电占比提高带来的减排量。

五、碳移除和碳汇展望

除了源头和过程降碳的努力，在生产环节末端及水泥产品的下游应用中，也可以采取 CCUS 和混凝土固碳等各种零碳负碳技术，减少碳排放。

近年来，我国 CCUS 工程项目发展迅速，从数量和规模上均有显著增加，不断开展技术创新。

（一）技术方面

CCUS 各技术环节均取得了较为显著的进展，并具备了大规模捕集、管道输送和利用、封存系统的设计能力。在 CO_2 捕集方面，研发了新型低能耗化学吸收法大规模碳捕集成套技术和装备，开发了 10 万吨级和 50 万吨级工艺包，实现了系统再生热耗 <2.4 GJ/t CO_2；吸附法、膜法和富氧燃烧 CO_2 捕集技术均处于中试验证阶段；CO_2 利用与封存方面，全流程驱油与封存防腐技术有所突破，咸水层封存技术已部分解决了多层统注分层监测问题，矿化利用方面已形成一系列矿化天然矿物和工业固废的新工艺路线，CO_2 化学利用制燃料和化学品以及微藻固碳等技术已开展小规模试验验证。

（二）项目方面

近年来，我国 CCS/CCUS 工程建设发展迅速，项目数量、规模以及碳捕集封存能力均有显著增加。截至 2023 年底，我国已投运和规划建设中的 CCUS 示范项目已接近百个，其中 10 万吨级及以上项目超过 30 个，50 万吨级及以上项目超过 15 个，多个百万吨级以上项目正在规划建设中。目前，已具备 CO_2 捕集封存能力约 510 万 t/a，注入能力约 200 万 t/a。示范项目的碳捕集源也由之前的以煤电、化工为主，逐渐向水泥、钢铁等全行业领域覆盖。其中电力行业示范项目数量最高，为 25 个，其后依次为化工、油气、水泥建材、钢铁及制氢。在 CO_2 利用方面，目前国内 CCS/CCUS 示范项目的 CO_2 利用方式以地质利用为主，但化学与生物利用项目也在逐年增加。截至 2023 年底，油田利用 CO_2 提高采收率（EOR-CO_2）项目共有 28 个，少数项目用于强化开采煤层气，个别项目将收集到的 CO_2 进行地质封存。

在水泥行业当中，海螺集团于2018年在白马山水泥厂建成投产了5万t级二氧化碳捕集纯化示范项目，是行业首例。后来陆续有水泥企业进行水泥生产+CCUS的尝试。例如，冀东水泥琉水CCUS示范工程采用变压吸附+真空解吸工艺，成功开发窑尾烟气CO_2捕集利用技术，建成并升级改造1500t/a CCUS示范线，用于替代盐酸和碳酸钠调节垃圾焚烧飞灰水洗液的pH值；2023年建成的北水公司10万t/a二氧化碳捕集利用项目，使用先进过程模拟软件模拟工艺物料及热量平衡，并以产品质量达标、能耗最小、全自动控制为主要目标进行多参数优化，制定非乙醇胺化学吸收技术捕集二氧化碳，达到国际先进水平；山东青州中联水泥年产20万吨二氧化碳全氧燃烧耦合碳捕集示范项目，首创分级供氧、离散稀释燃烧方法，构建了气氛-温度-物料耦合协同调控机制，开发低比例烟气循环及污染物调控燃烧工艺，创建全氧燃烧获取高浓度CO_2的碳捕集系统，单位CO_2产品捕集综合能耗在国际层面首次降至1.6GJ/tCO_2以下，较常规化学吸收法降低40%以上，吨捕集成本能够降低100元以上。

从实现碳中和目标的减排需求来看，依照现在的技术发展预测，2050年和2060年，各行业需要通过CCUS技术实现的减排量分别为6亿~14亿t CO_2和10亿~18亿t CO_2。从我国源汇匹配的情况看，CCUS技术可提供的减排潜力，基本可以满足实现碳中和目标的需求（6亿~21亿t CO_2）。CCUS的技术成本（见表5-2）是影响其大规模应用的重要因素，随着技术的发展，我国CCUS技术成本未来有较大下降空间。预期到2030年，我国全流程CCUS（按CO_2的运输距离为250km计算）技术成本为310~770元/t CO_2，到2060年，将逐步降至140~410元/t CO_2。从世界范围看，不同的研究对CCUS在不同情景中的减排贡献评估结果差异较大，但以2050年为时间节点来看，均对 CCUS 技术给予了重点关注（见图 5-3）。

表 5-2　CCUS 各环节技术成本

年份		2025	2030	2035	2040	2050	2060
捕集成本（元/t）	燃烧前	100～180	90～130	70～80	50～70	30～50	20～40
	燃烧后	230～310	190～280	160～220	100～180	80～150	70～120
	富氧燃烧	300～480	160～390	130～320	110～230	90～150	80～130
运输成本（元/t · km）	罐车运输	0.9～1.4	0.8～1.3	0.7～1.2	0.6～1.1	0.5～1.1	0.5～1
	管道运输	0.8	0.7	0.6	0.5	0.45	0.4
封存成本（元/t）		50～60	40～50	35～40	30～35	25～30	20～25

注：成本包含固定成本和运行成本。

资料来源：蔡博峰，李琦，张贤，等．中国二氧化碳捕集利用与封存（CCUS）年度报告（2021）——中国 CCUS 路径研究［R］．生态环境部环境规划院，中国科学院武汉岩土力学研究所，中国 21 世纪议程管理中心，2021.

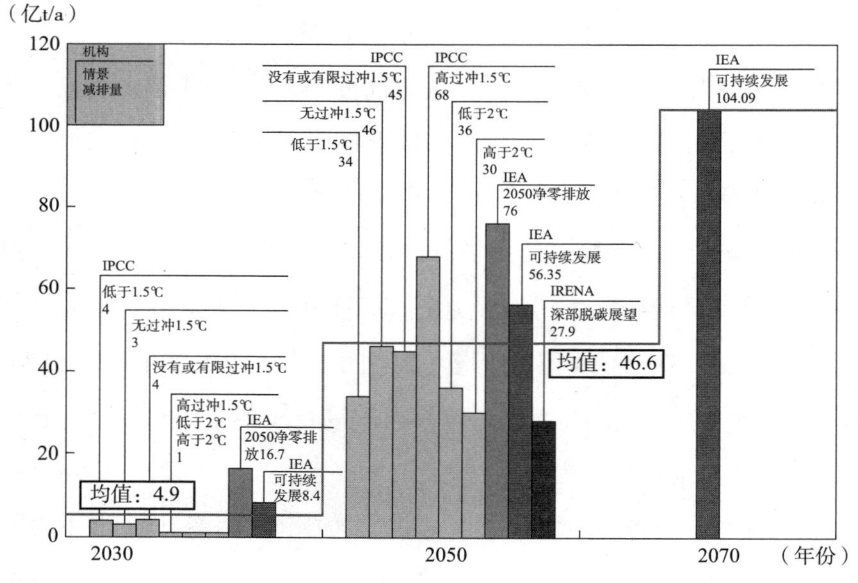

图 5-3　全球主要机构评估的 CCUS 贡献

资料来源：蔡博峰，李琦，张贤，等．中国二氧化碳捕集利用与封存（CCUS）年度报告（2021）——中国 CCUS 路径研究［R］．生态环境部环境规划院，中国科学院武汉岩土力学研究所，中国 21 世纪议程管理中心，2021.

从目前水泥行业生产工艺的实际看，在碳酸盐原料不被大规模替代的情况下，水泥行业将不可避免产生一定的碳排放量，只能用 CCUS 手段进行处理。随着水泥行业特别是几家头部企业对 CCUS 的关注度和研究尝试的积极性不断提高，预计在今后一段时间，水泥行业投入实际生产线中的 CCUS 装置规模会缓慢增加，中远期实现一定技术突破和成本下降后，可以得到快速发展，2060 年能够达到亿吨级或十亿吨级的总捕集、利用与封存量，成为水泥行业实现碳中和目标的坚强技术支撑。

第六章

我国水泥行业近中期低碳转型重点路径和任务

水泥产品属于传统建材产品，党的十八大以来，水泥行业转型升级已经取得显著成效，新增产能得到有效控制，落后产能有序退出，骨干企业的单位能耗、污染物排放强度均已达到世界先进水平，循环经济加快推进，全国依托新型干法水泥窑技改建成协同处置生活垃圾、城市污泥、产业废弃物的水泥熟料生产线有近 300 条。“十四五”剩余时期及“十五五”期间，随着发展方式转变，需求结构升级，面向建筑业的水泥等传统建材产品的需求量将进入平台调整期，呈现稳中有降的态势。水泥行业面临规模数量型需求扩张动力趋于减弱、绿色和安全发展任务更加紧迫的新挑战，同时也是新机遇。

从低碳发展角度看，水泥行业责任重大。水泥行业因其工艺特点，碳排放约占建材行业排放总量的 70%，是建材行业碳排放重点领域。工信部等四部门发布的《建材行业碳达峰实施方案》提出了“强化总量控制、推动原料替代、转换用能结构、加快技术创新、推进绿色制造”五方面针对水泥等建材产品的重点任务。本书在此基础上，进一步拓展延伸，总结了“总量控碳、材料降碳、用能去碳、系统减碳、末端汇碳、精细管碳”六方面的水泥行业近中期低碳转型重点路径和任务。

一、总量控碳：继续优化产能结构

全面推进水泥行业供给侧结构性改革，进一步提高行业落后产能淘汰标准，提高绿色低碳水泥产品的市场竞争力，发挥政策、标准和市场的综合作用引导低效产能退出。大型水泥企业可以把握有利时机，加大兼并重组力度，提高市场占有率和话语权，同时调整优化生产线产能和布局，增强绿色和安全发展能力。可以充分发挥行业协会等组织的作用，搭建企业交流沟通的良好平台，协助和促进企业兼并重组的实施，总结推广先进经验，帮助企业加强和改进管理。应该严格按照《工业和信息化部关于印发水泥玻璃行业产能置换实施办法的通知》（工信部原〔2021〕80 号）的规定执行水泥熟料产能减量置换。加强产能置换的全过程监管，定期组织开展专项检查。为企业“走出去”创造条件，开展国际产能合作，实现互利共赢。严格按照《工业和信息化部、生态环境部关于进一步做好水泥常态化错峰生产的通知》（工信部联原〔2020〕201 号）的要求，因时因地制宜，差异管控，精准施策，推动全国水泥错峰生产有序开展，同时防止违规企业利用错峰生产哄抬水泥产品价格，保障市场稳定供给。

二、材料降碳：减少碳酸盐原料用量、推动水泥产品减量化使用

加大对电石渣、磷石膏、氟石膏、锰渣、赤泥、钢渣、白泥、粉煤灰、硅钙渣、矿渣等氧化钙含量较高的大宗工业固体废物的规模化应用研究力度，替代石灰质原料，在保障水泥产品质量的基础

上，有效降低碳酸盐分解系数。我国陕西北元、新疆天业、沁阳等水泥企业部分或全部采用电石渣替代石灰石配料生产水泥熟料，特别是新疆天业几年前就开始采用电石渣100%替代石灰石生产水泥，既降低了生产成本、节约了优质的矿山资源，又降低了碳排放。全国应力争电石渣、白泥全部用于水泥熟料生产过程的原料替代，力争到2030年粉煤灰和钢渣在原料中的替代比例达到5%。推广使用以高炉废渣、电厂粉煤灰、煤矸石等废渣为主要原料的超细粉替代普通混合材，将超细粉掺加量增加到5%。力争减少水泥熟料消耗量，加强对提高水泥熟料强度技术的研发和推广，降低熟料在水泥及水泥在混凝土中的掺加量。鼓励研发推广新一代"超细粉磨"技术与装备，进一步增加废渣在水泥中的用量。鼓励研发本书前文提到的各种低碳熟料、低碳水泥和新型胶凝材料，加快示范、推广和工程化应用。

三、用能去碳：供需互动推动能源变革

正确区分水泥窑协同处置技术和替代燃料技术，抓住热值等关键指标建立符合水泥生产需要的替代燃料相关技术规范和国家标准，引导鼓励专门的和有特色的替代燃料生产企业快速发展。推广大比例替代燃料技术，加强相关燃料替代技术的研发和应用，提升关键技术和装备的国产化水平。力争到2025年水泥行业使用替代燃料技术的生产线数量占比达20%，到2030年达40%。逐步增加清洁能源的使用比例，鼓励烘干等工序及生产辅助系统使用余热或电能。鼓励企业根据工厂自身及周边地理条件，自建或合作建设光伏发电、风力发电等新能源发电设施，加大绿色电力内部供应，力争在每个

区域打造几家“零外购电”试点企业。加强水泥行业天然气、氢、氨等低碳零碳燃料替代煤炭的技术攻关。

四、系统减碳：全系统节能和提高能效

积极推广六级预热预分解、两挡式短窑、低阻高效预热预分解系统、第四代冷却机等先进烧成系统技术；配备低一次风量新型燃烧器，推进现有炉窑系统辅助技术改造；推广使用新型隔热、保温耐火材料及回转窑高效密封技术，减少散热损失；改造升级余热发电系统，更换带独立蒸汽过热器的窑头余热锅炉、冷却机采用部分循环风，提高余热发电量 10%~25%。力争到 2030 年单位熟料平均煤耗较 2020 年下降 7%。加快推广立磨、辊压机终粉磨及联合粉磨等高效粉磨技术。到 2025 年，采用高效粉磨技术的粉磨站企业占比提高到 40%，到 2030 年提高到 60%。积极推动水泥行业数字化转型，将水泥生产经营各环节与新一代信息技术深度融合。建立健全企业能源管理体系，推动开展能源审计和节能诊断，挖掘节能减碳空间。加快开展《水泥单位产品能源消耗限额》（GB 16780—2021）宣贯培训工作，严格执行能耗标准。适时将水泥企业单位产品能耗纳入重污染天气行业绩效分级管控体系，实施差别化环保低碳管理。

五、末端汇碳：创新碳捕集利用及碳汇

加大水泥行业固碳用碳技术的研发力度。在技术上，从碳循环利用工艺，提升水泥生产+CCUS 的系统效率、降低能耗和成本，以及 CO_2 的生产地、运输和源汇匹配等 CCUS 全产业链系统化发展等

角度，加大工艺技术研发和项目示范论证的力度。在法律法规和政策支持方面，抓紧建立健全水泥生产+CCUS 乃至整个 CCUS 领域的法律法规框架，项目建设审批流程等。在资金和市场机制方面，通过完善碳市场、引导建立合理的碳定价制度、实现有效的生态价值转化和给予适当的财政税收优惠等方式，提升对 CCUS 项目的收益预期，使更多企业、更多社会资本有意愿有动力参与到 CCUS 技术发展中来。加强与具有水泥生产+CCUS 技术研发和项目示范经验的国家的交流，采取知识分享、共建项目、人才交流等方式，加强在吸收剂开发、系统集成软件、项目设计和运营、法律法规、市场机制等方面的合作。

六、精细管碳：内外结合提升碳管理能力

经过一段时间的实践，全国碳市场的基本制度初步建立，以碳市发现碳价的机制初步发挥作用，企业碳资产意识、碳减排意识及利用市场手段实现低成本减排的意识得到大幅度提高。国家支持鼓励碳交易、碳市场和碳资产管理等的相关政策文件也陆续出台。例如，生态环境部会同国家发展改革委员会、中国人民银行、银保监会（现为国家金融监督管理总局）、证监会五部门在 2020 年 10 月发布了《关于促进应对气候变化投融资的指导意见》，2022 年 8 月又确定在 23 个地区开展气候投融资的试点。2023 年 10 月，生态环境部、市场监管总局公布《温室气体自愿减排交易管理办法（试行）》。2024 年 1 月，国务院公布《碳排放权交易管理暂行条例》（以下简称《条例》），自 2024 年 5 月 1 日起施行。2024 年 6 月，生态环境部等多部门联合印发《关于建立碳足迹管理体系的实施方案》。

根据全国碳市场总体设计，在发电行业之后，将逐步纳入数个其他高耗能行业，拥有良好碳排放数据基础的水泥、电解铝行业将可能被优先纳入全国碳交易市场。水泥企业做好碳资产管理和碳市场交易应对，主要任务有：一是有效管理碳资产。在市场建立初期，积极应对并逐步建立符合自身的碳资产管理架构，熟悉碳市场政策、交易规则和调整应对策略。在生产经营的过程中，通过有效管理或使用新能源、低碳设备等手段降低碳排放，积累碳资产，最终通过配额交易或碳金融工具实现资产增值。二是设立低碳管理专门机构。领导层面，在评估风险的基础上制定企业碳管理总体策略；组织架构层面，建立专门部门，统一管理碳盘查、交易、履约、碳资产开发等事务；能力建设层面，培养一批碳资产管理专门人才。三是实施碳足迹管理，实现碳资产“看得见、算得清、管得住”，建设覆盖碳监测、核算、优化、交易的碳资产全景管理体系、在线核算碳排放数据、自动化碳对标和统计报告等，有效提高碳交易智能化决策。做好新能源、林草地碳汇、CCUS 等低碳零碳负碳项目储备，通过碳交易为企业低碳发展提供更多有利条件。四是加强对碳交易市场的分析工作，根据交易投资情况，妥善对企业碳资产进行分配、利用、管理，优化低碳资产组合。企业要深入了解碳交易机制的原理与规则，实现获取利益、规避风险的目的。五是开发碳金融产品，助力自身发展。为了避免碳资产闲置，企业可以开发碳配额抵押、碳债券、碳资产委托管理等碳金融产品，利用碳资产进行融资。

第七章

典型企业低碳发展实践

我国碳达峰碳中和目标提出后，水泥行业深度脱碳得到越来越多关注，许多企业积极响应、主动做出碳减排承诺，并开展了一系列实践探索。本书对海螺集团、华新水泥、中国建材集团、冀东水泥和东华科技等企业的减排行动、减排方案等进行考察和速览，以期为各相关方提供参考和借鉴。

一、海螺集团

海螺集团以水泥制造为主导产业，近几年熟料产能连续居我国水泥行业中的第二位，2023 年营业收入名列《财富》世界 500 强第 464 位。海螺集团围绕《建材行业碳达峰实施方案》，大力实施制造业提质扩量增效行动，通过健全科技创新体系，加强碳减排和新材料技术攻关，推广实施超低排放改造，加速数字智能转型，加快低碳零碳负碳技术攻关，推动产业向绿色低碳转型升级，为实现“双碳”目标贡献海螺力量。

海螺集团编制了《海螺碳达峰碳行动方案》《海螺集团“十四五”节能降碳发展规划》，用以指导公司碳减排。建立了集团、板块、区域、子公司四级绿色低碳管理架构，明确各级单位管理职责，强化环保失职责任追究。在机构管理方面，海螺集团成立三碳研究院和中碳公司，加强创新研发和碳资产管理。海螺三碳研究院以“产业降碳、技术减碳、绿色低碳”为研究方向，专门从事低碳零碳负碳技术研发，联合中国科学技术大学、南开大学、武汉理工大学分别成立碳中和技术创新中心、二氧化碳资源化联合实验室等平台，先后针对二氧化碳矿化、低碳水泥、二氧化碳资源化利用等与四川大学、南京工业大学等开展联合攻关；海螺中碳公司作为建材行业首家碳资产管理公司，为控排企业提供一站式咨询服务和整体解决方案，研究CCER（国家核证自愿减排量）抵扣交易政策，调研储备森林碳汇项目，盘活集团碳资产，依托双碳互联信息化平台，推动下属企业碳排放数据实现实时展示、统一管理、统一核算。

海螺集团在新技术特别是绿色低碳新技术研发应用方面走在行业前列。依靠自主研发的新型干法水泥国产化成套技术，海螺集团奠定了在水泥行业的龙头地位。1996年和2002年，宁国水泥厂和铜陵海螺先后建成日产2000t、日产5000t的新型干法熟料线，开创国产化、低投资建设此类生产线的先河。2010年，海螺水泥在铜陵熟料基地建成了世界首条利用水泥窑协同处置城市生活垃圾的示范项目，通过使用水泥窑协同处置固体废物或危险废物。海螺集团于2018年在白马山水泥厂建成投产了5万t级二氧化碳捕集纯化示范项目，也是行业首例。海螺集团基于二氧化碳的物性特点以及现有技术支撑设计新型二氧化碳储能系统，在芜湖海螺建设10MW/80MWh新型二氧化碳储能示范项目，采用气液相变存储工质并维持二氧化碳高压存储压力，通过双级压缩机和透平实现能量高效回收与释放，依托余热利用技术提升系统效率，最终完成高效储能。全椒海螺工厂是世界首个全流程水泥智能化工厂，实现了运行自动化、故障预控化、管理可视化、全要素协同化、决策智慧化。目前，海螺水泥智能工厂技术已在全国100多家水泥工厂推广应用。海螺集团建成了面向生产智能制造和经营智慧决策的水泥“工业大脑”。支撑生产的“左脑”包括数字矿山、窑磨优化、生产监管、设备管理、质量预测等，支撑经营的“右脑”包括供应系统、云销系统、财务系统、人资系统、敏捷运营等。海螺集团与海尔卡奥斯、宝信软件、树根互联、华为、阿里巴巴、信通院、工联院等开展合作，初步建成面向水泥、型材行业的垂直型工业互联网平台。海螺集团积极开发利用新能源，利用厂区建构屋顶及空地布局光伏发电、风力发电和储能等产业，目前已建成 104 个光伏电站，光伏装机容量达 420MW，建成 5 个储能电站和 1 个风力发电项目，年发电量 5 亿 kWh。在济宁海螺打造了集余热发电、风力发电、光伏发电、垃圾发电、生物质发电于一体的“零外购电清洁能源低碳园区”。在柬埔寨马德望海螺开发建设了首条生物质替代燃料系统，在枞阳海螺建成国内行业首个生物质替代燃料项目，年可节约标准煤 7.5 万 t。

明星工程：海螺水泥白马山水泥厂碳捕集利用示范项目

海螺水泥在白马山水泥厂建设了全球水泥行业首个水泥窑碳捕集纯化示范项目，实现了对水泥窑尾气中二氧化碳的捕集与资源化利用。整个系统共分两步：捕集与利用。第一步：首先捕集提浓，使水泥窑尾气通过脱硫水洗塔、吸收塔、换热器、解吸塔等设备，实现 CO_2 捕集与提纯；其次压缩水分，将捕集后提纯的 CO_2 经过冷却机、压缩机、脱硫床、干燥床，进行气体的冷却压缩，并分离气体中的水分；再次进行纯化；最后纯化液化与精馏，将脱水后的高浓度气态 CO_2 通过吸附床、液化系统进行纯化液化，随后通过精馏塔进行精馏，形成工业级与食品级 CO_2。第二步：主要是二氧化碳的利用，先将制成的 CO_2

进行封存与运输，然后将 CO_2 通过保护焊接、碳酸饮料添加、食品保鲜、干冰生产、电子医药应用等方式进行资源化利用。白马山水泥厂 CO_2 捕集工艺与价值链如图 7-1 所示。

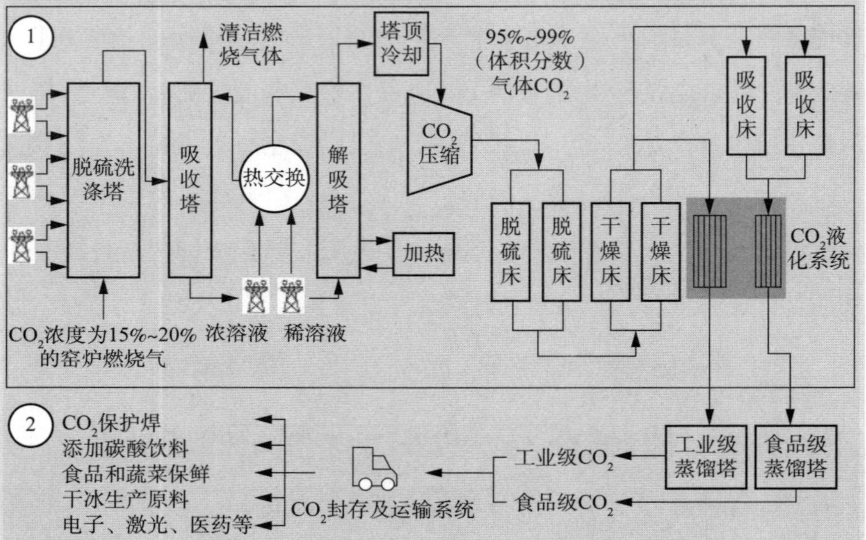

图 7-1　白马山水泥厂 CO_2 捕集工艺与价值链

资料来源：麦肯锡《“中国加速迈向碳中和”水泥篇：水泥行业碳减排路径》。

目前海螺水泥白马厂碳捕集项目每年可生产 3 万 t 食品级 CO_2 和 2 万 t 工业级 CO_2，为从吸收端降低水泥生产中排放的二氧化碳量进行了有益的探索。在此基础上，海螺集团于 2019 年投运了年产 3000t 干冰项目，于 2022 年 9 月建成智慧农业项目，依托水泥窑烟气二氧化碳捕集纯化示范线，将捕集的二氧化碳作为植物气肥，促进植物光合作用，同时利用水泥生产过程中的余热为植物提供稳定的温度环境，增加作物产量，实现资源再利用。

通过智能化控制浇水、施肥、温度等措施，2022年10月底，棚内种植的番茄迎来首个采摘季，最高日采摘量可达1000kg。

二、华新水泥

华新水泥是我国水泥行业的头部企业之一，在低碳发展方面有很多引领性的探索，如大力提升替代燃料比例、发布行业首个低碳相关白皮书等。公司提出，将坚持以碳排放、能耗、污染物“强度”和“总量”的双控措施来组织生产，下属工厂在满足单位强度的同时，总量不超出“强度”与“批复和认证产能”的乘积，从而确保能耗、碳排放、污染物排放强度和总量的下降。

（一）大力发展替代燃料

华新公司提出，力争到2030年，替代燃料能源占一次能源消费比重达到30%。2020年，华新公司在黄石建成全球最大的环保协同处置生产线，黄石万吨级生产线已实现生活垃圾衍生燃料的热替代率40%以上，是目前国内单位碳排放最低的大型水泥生产线，其熟料综合能耗达到了世界先进水平。华新水泥（黄石）有限公司是华新水泥股份有限公司根据国家和湖北省的水泥工业产业政策，适应黄石市总体规划发展需要，实行产能置换，在湖北省黄石市阳新县投资30亿元新建的一条熟料水泥生产线项目。该项目地处长江中游南岸的阳新县富池镇，毗邻长江，配套建设有出货量为1000万t/a的长江码头，是黄石市“退城入园”项目，也是湖北省重点建设工程项目。该公司生产线采用第二代智能化的新型干法预分解生产工艺，配套纯低温余热发电和水泥窑环保协同处置系统，生产规模为年产285万t熟料、年产水泥365万t、年余热发电量1.8亿kWh、年处理生活垃圾衍生燃料（RDF）90万t和15万t危险废弃物。华新公司提出，将持续总结经验，继续加大替代燃料应用。旗下的重庆地维工厂作为落实碳达峰实施方案的“试验田”，计划实现熟料单位产品综合能耗≤50kgce/t. cl的目标，为未来实现零化石燃料做好技术准备。

（二）吸碳制砖生产线

华新的世界首条吸碳制砖生产线项目于2022年1月正式进入工业生产阶段，目前已交付超过7000万块吸碳环保砖。通过持续的实验室长期性能测试、客户现场检测和第三方机构检测，吸碳环保砖的平均抗压强度达到15MPa，完全满足国家相关标准要求，且强度会随龄期持续升高。公司团队也已对水泥窑尾气温度、原材料配比、养护时间等影响因素进行了大量测试和研究，更加确定了该方法的减碳效果。华新将继续探索不同压力、湿度、风量等因素对碳化效率的影响，深入优化原材料配比和二氧化碳传输渗透模型，进一步提升碳化效果。

（三）《低碳发展白皮书》

2021年，华新水泥在全国建材行业中率先发布《低碳发展白皮书》，对公司的碳排放状况和现有碳减排技术等进行了分析，并制定了公司的碳减排路线图，确定了公司的低碳发展目标：到2025年，吨水泥 CO_2 排放比2020年下降87kg，在下降份额中，降低熟料系数贡献56%，替代燃料使用贡献27%，提升燃料效率贡献10%，替代原料使用贡献5%，余热利用及其他措施贡献2%；到2030年，吨水泥 CO_2 排放将比2005年下降70%以上，比2020年下降177kg，在177kg的下降份额中，降低熟料系数贡献47%，替代燃料使用贡献32%，提升燃料效率贡献14%，替代原料使用贡献3%，智能工业系统贡献2%，余热利用及其他措施贡献2%。到2060年，最终实现净零排放。华新水泥单位产品产值碳强度及替代能源消费比例目标如图 7-2 所示，华新水泥未来的碳减排路线如表 7-1 所示。

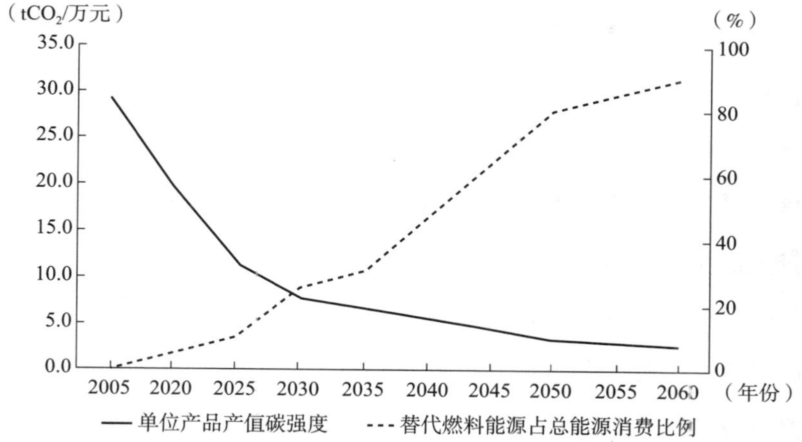

图 7-2　华新水泥单位产品产值碳强度及替代能源消费比例目标

资料来源：华新水泥《低碳发展白皮书》。

表 7-1　华新水泥未来的碳减排路线

2021 年以前	2021—2025 年	2026—2030 年	2031—2035 年	2035 年以后
• 大量使用替代原、燃料 • 降低熟料系数 • 水泥、墙材等一体化项目的热联产降碳试点 • 水泥“分开粉磨”在下游低碳混凝土中的应用	• 大力发展替代原、燃料 • 持续降低熟料系数、提升水泥中混合材掺比 • 开发低碳熟料产品 • 开发碳中和混凝土 • 进一步提高能效水平 • 开展富氧燃烧项目试点 • 热联产降碳、林业碳汇等 CCER 项目开发	• 水泥需求总体下降，基于碳价波动，探索熟料的柔性生产策略 • 从碳市场弥补配额缺口，深度参与碳交易 • 开始工业化低碳熟料生产 • 热联产项目全面铺开 • 提高水泥厂能源利用率 • 开展 BECCS（生物质能和碳捕集与封存）试点项目	• 在具备调节的地区开展二代 CCUS 试点运行 • 大规模的低碳熟料生产 • 适合 CCUS 的装备、工艺改进	• 全面使用替代原、燃料 • 全面使用低碳胶凝材料技术 • 推广使用清洁电力 • 采用光、电煅烧等革新技术 • BECCS、CCUS 项目的广泛实施

资料来源：华新水泥《低碳发展白皮书》。

三、中国建材集团

中国建材集团是全球最大的综合性建材产业集团、世界领先的新材料开发商和综合服务商。水泥、商混、石膏板、玻璃纤维、风电叶片、水泥玻璃工程技术服务等七项业务规模居世界第一。在贯彻落实碳达峰碳中和的重大战略上，中国建材集团在摸清整个集团碳排放的主要来源、结构组成后，围绕创新链布局产业链，产业链布局创新链，将固废资源化技术研发与市场需求紧密结合，加强节能降碳力度，加大绿色技术投入，实现"两个转换、两个替代"，即产品低碳化、工艺绿色化转换，生产上提高原料替代和能源替代比例。集团制定出"十四五"期间碳中和、碳减排路线图，以"减碳""固碳""管碳"三部分为主要路线。

（一）"减碳"方面

中国建材集团坚持绿色高质量发展，加大节能减排力度，提高新能源利用率，推动原/燃料替代。水泥业务是支撑集团现金流与利润的重要板块，水泥产能第一的中国建材集团率先在原/燃料选用环节上倡导循环经济，持续加大固体废弃物的资源综合利用力度，提高矿渣、钢渣、粉煤灰等工业废渣替代天然矿产原材料比重，年固体废弃物消纳量 1.2 亿 t。大力发展水泥窑余热发电，累计装机容量 2375MW，年发电量 103 亿 kWh，相当于节约 120 万 t 标准煤、减少二氧化碳排放 600 万 t。在生产制造环节，着力推进污染物达标和减量排放，"十三五"以来万元产值综合能耗、氮氧化物排放量、二氧化硫排放量分别下降 25%、35%、57%，降幅远超过国家"十三五"规划的减排目标。推动生态化增值服务，建成协同处置生产线 25

条，年处置能力达 252 万 t。在产品应用环节，推进高性能、高标号水泥和混凝土的消费，积极助力国家清洁能源开发。低热水泥首次全坝用于乌东德、白鹤滩等国家重大工程，核电水泥广泛用于岭澳、大亚湾、阳江等多个核电工程。[①]

（二）“固碳”方面

首先是技术固碳，开展 CCS 技术、直接空气捕获（DAC）技术等科研攻关；其次是生态固碳，大力发展植树造林等基于自然的增加碳汇的方式或建材产品固碳技术吸收二氧化碳，实施碳吸收碳固化。固碳储能上利用中国建材集团综合业务优势，建成 48 家国家级绿色工厂、45 家国家级绿色矿山，打造了一批“花园中的工厂、森林中的工厂、草原上的工厂”。[②]

（三）“管碳”方面

中国建材集团通过加强顶层设计，成立碳达峰碳中和专项工作组。树立“碳是资产”的理念，建立低碳管理体系，成立碳资产的专业的管理平台公司，积极参与碳交易，利用市场化手段推进碳减排。积极参与碳金融，充分利用国家气候投融资与绿色金融政策，探索开展绿色融资，盘活碳资产，推动行业碳减排。目前正联合打造首个国家原材料行业双碳公共服务平台，部署建设国际一流建材行业双碳实验室，打造建材建工行业双碳创新联合体。

---

① 数据来源：中国建材集团董事长周育先在 2021 年中国大型水泥企业领导人圆桌会议上的发言 .

② 数据来源：中国建材集团董事长周育先在 2021 年中国大型水泥企业领导人圆桌会议上的发言 .

河南中联同力材料有限公司：四大项目推动绿色低碳循环发展

“捕碳高手”——济源中联：碳捕集项目

2022年11月，济源中联建成水泥行业首条利用钢渣进行二氧化碳捕集项目，该项目将回转窑窑尾排风机出口烟气引至捕碳系统，而钢渣微粉通过上料系统也被送至捕碳系统。在催化环境下，两者发生反应，烟气中的二氧化碳被固定在钢渣中，同时，钢渣的安定性隐患被彻底消除，其活性会得到改进，使得捕碳后的钢渣可作为优质水泥混合材制备低碳水泥，解决了钢渣规模化、资源化利用的难题，此项目一年可复合产出100万吨胶凝材料，综合减碳可达25万吨。

“捕废高手”——洛阳中联：水泥窑协同处置工业固废危废项目

洛阳中联建设年处理13.8万吨生活垃圾和固废危废生产线，为改善当地生态环境及可持续发展保驾护航，践行央企责任担当。2023年，洛阳中联共使用固废及生物质替代燃料1308吨，使用浆渣2894吨，累计替代“燃料折”标煤1323吨。

“捕污高手”——安阳中联：水泥窑协同处置污泥项目

该项目利用新型干法水泥窑中的高温、碱性物料多等一系列特点，采用悬浮预热原理进行市政污泥处置，具有占地面积小、高效节能等特点，日处理污泥量超过400吨，年可处理市政污泥达12.5万吨。项目能有效助力企业构建区域固体废物循环经济模式，建立可持续工业生态链网。

"捕光高手"——平原建材：光伏发电项目

该项目充分利用厂区、厂房屋顶、停车场和联合堆棚等设施建设安装分布式光伏发电项目，总装机容量1.8兆瓦，年均发电量180万度，全年可降低用电成本31.4万元，节约标准煤593.79吨。自2022年3月投用以来，项目通过加强清洁能源的开发和利用，创造了良好的经济效益和社会效益。

四、冀东水泥

冀东水泥深入贯彻落实国家绿色转型、低碳发展要求，在加快环保型企业转型方面，取得一系列丰硕成果。在碳达峰碳中和目标引领下，公司按照近、中、远期规划实施低碳零碳发展。近期，公司将加快产能整合和布局优化，持续推进节能提效、原/燃料替代，稳步降低熟料和水泥产品碳排放强度，积极参与碳交易市场，强化碳资产管理，为水泥行业和全国碳达峰贡献"金隅冀东力量"。中期，公司将继续深化节能提效等举措，着力优化产品结构和能源结构，强化产品绿色供应链和全生命周期碳排放管理，逐步在零碳负碳领域产出效益。远期，公司将面向净零排放目标，立足企业、服务社会，紧紧围绕新型绿色低碳建筑材料需求，积极开发推广先进低碳、零碳和负碳材料及工艺技术，全方位打造零碳负碳工厂。

具体来说，在源头控碳方面，公司将加快推进低效或面临搬迁的熟料产能有序退出，升级后的生产线全部达到国际先进水平。逐步优化北方地区产业布局，以京津冀地区为核心，逐渐向东北地区、山西、山东、河南延伸，强化区域市场协调。与行业内其他龙头企业合作，开展产能整合和优化升级改造，提高区域产业集中度，共同构建区域高质量协同发展格局。在原料降碳方面，公司将稳步提高原料替代率，争取尽早完成高贝利特熟料量产和产品标准制定。在替代燃料方面，公司将积极融入国家“无废城市”试点实践，加快开展燃料替代改造，推动实施园林垃圾、农作物秸秆等优质生物质燃料气化燃烧工程项目，研发示范固体回收燃料（SRF）的工业化、规模化生产技术和装备。

推进源网荷储氢氧氨一体化项目和矿山绿色开发与生态修复，在屋顶、矿山等建设可再生能源开发项目。在系统减碳方面，公司从工艺技术、智能制造和循环耦合三个角度入手，稳步推进能效提升。第一，以全生产系统优化技术等技术为重点，用“解剖麻雀”的研究方法，分批次实施能效提升行动。第二，依托新一代数字技术，加快对既有生产线的数字化升级改造，挖掘数字节能提效潜力，积极创建智能化的“零员工”工厂。第三，构建以水泥企业为核心的绿色建材产业园、智慧绿色供应链，提升资源综合利用效率、物流运输效率等，打造“超低碳工厂”。

到2030年，所属企业整体能效达到国际领先水平。在末端碳汇方面，公司将大力强化二氧化碳捕集和利用能力，研发富氧燃烧和全氧燃烧后捕集技术等，探索不同固碳用碳技术的耦合路径，推动二氧化碳矿化水泥制品、固体废物等技术应用。建立矿山生态修复碳汇模型，实施土壤及植被改良工程。部分水泥企业吨水泥、吨熟料 CO_2 排放强度下降比较分别如表7-2、表7-3所示。

表 7-2 部分水泥企业吨水泥 CO_2 排放强度下降比较

年份	2025		2030		2035	2050	2060
指标	吨水泥排放强度（$kgCO_2$）	下降比例（较2020年）（%）	吨水泥排放强度（$kgCO_2$）	下降比例（较2020年）（%）	吨水泥排放强度（$kgCO_2$）	吨水泥排放强度（$kgCO_2$）	吨水泥排放强度（$kgCO_2$）
冀东水泥	约 597	约 12	约 480	约 29	约 431	约 234	约 35
新天山水泥	612	11.10（较2021年）	未公布	未公布	未公布	未公布	未公布
华新水泥（范围1）	565	6	475	16	432	227	166
德国海德堡水泥（净排放）	525	9	500	5	未公布	未公布	未公布
西麦斯集团	未公布	/	520	/	未公布	未公布	未公布

资料来源：笔者根据华新水泥股份有限公司《低碳发展白皮书》，天山股份 2021 年度环境、社会及管治（ESG）报告，公开资料整理。

表 7-3 部分水泥企业吨熟料 CO_2 排放强度下降比较

年份	2025		2030		2035	2050	2060
指标	熟料工序碳排放强度（$kgCO_2$）	下降比例（较2020年）（%）	熟料工序碳排放强度（$kgCO_2$）	下降比例（较2020年）（%）	熟料工序碳排放强度（$kgCO_2$）	熟料工序碳排放强度（$kgCO_2$）	熟料工序碳排放强度（$kgCO_2$）
冀东水泥	约 786	约 5.4	约 735	约 11.6	约 674	约 519	约 496
海螺水泥	791	6	未公布	未公布	未公布	未公布	未公布
新天山水泥	815	5.24（较2021年）	未公布	未公布	未公布	未公布	未公布

资料来源：笔者根据海螺水泥 2021 年企业社会责任报告，天山股份 2021 年度环境、社会及管治（ESG）报告，公开资料整理。

五、东华科技

在 20 世纪末淄博工业飞速发展的进程中，淄矿集团做出了不可磨灭的贡献。然而，至21世纪初，淄博矿区煤炭资源已面临整体枯竭，在这一背景下，淄矿提出了以500万t“白”置换500万t“黑”的思路。2004年，淄矿集团成立东华水泥公司；2022年，更名为东华科技。公司在智慧化生产、替代燃料、碳循环等水泥生产多个领域进行了探索创新。

（一）水泥“工业大脑”

2018年，东华科技提出以水泥“工业大脑”为核心，以智能安全生产系统、智能设备管理系统、数字矿山系统、智能质控系统、智能物流系统、智慧能源系统为支撑的“1+6”智慧工厂建设方案。东华水泥“工业大脑”利用大数据、云计算、人工智能技术挖掘数据价值，建立并训练能耗优化、质量稳定、质量预测、异常工况识别、稳态控制等一系列算法模型，智能分析生产实时数据，预测产品质量，计算最佳控制参数，实现生产全过程精准控制。上线运行后煤耗、电耗降低，熟料强度标准差下降，产品质量更加稳定。

在“工业大脑”1.0的基础上，东华科技与阿里云、浪潮、博依特、雪浪云等知名企业合作，共同推进“工业大脑”2.0延链提升。除进一步节能降耗、提高生产控制稳定性外，2.0版本还拓展了水泥粉磨控制、余热发电控制、超低排放控制应用场景。针对粉磨过程，通过解析选粉机转速、风温等关键工艺参数与粉磨成品均一化状态间的规律，构建表征成品细度与各操作变量之间的关系网络，对实际粉磨效果进行有效预测和控制。针对熟料烧成过程，利用快速软测量技术，实现生料分解率、熟料游离氧化钙等关键参量的预测，并结合窑头看火视频的智能分析，实现对烧成过程热工制度的实时、全链感知。针对烧成过程中耦合严重的预分解单元、回转窑及冷却单元，在满足熟料质量要求的前提下，通过协同优化，求取最优分解率来平衡回转窑热负荷，避免回转窑内出现过烧等现象；同时求取最优箅下压力以提升冷却机热回收效率。

（二）氢燃料

东华科技联合厦门大学研发建设了水泥行业首套氨裂解制氢替代煤炭示范工程，该项目于2022年6月成功工业化投运，并成功入围全国建材行业首批重大科技攻关“揭榜挂帅”榜单。经数据监测，一期运行实现了6%燃煤替代，减排二氧化碳15.5万t，窑尾烟气氮氧化物含量可降至50mg/m^3，实现超低排放，为工业氢能利用“零”突破，源头降碳、氢能应用提供了样板案例。

（三）钙基新材料产业园

东华科技原本计划用来生产水泥的备用矿山柳泉石矿所产的石灰石品位高、质量好，氧化钙含量高达54%，能够运用在橡塑、喷涂、食药等多个领域，在江北地区首屈一指，储量更是高达9000万t。为发挥优质石灰石的最大效益，东华科技按照“绿色开采、梯级利用、延链发展、打造集群”的理念，提出打造钙基新材料产业园。钙基新材料产业链将发展高活性氧化钙、氢氧化钙及轻质碳酸钙、纳米碳酸钙、食药级碳酸钙等钙基新材料产业，同时延伸纤维水泥板、碳酸钙透气膜、SPC板材、功能填充塑料母粒、环保涂料等下游关联产业，实现产品增值、产业转型升级、绿色低碳发展等多重效益。

重要术语索引

参考文献

[1] Cembureau. Cementing the European Green Deal-Reaching Climate Neutrality Along the Cement and Concrete Value Chain by 2050[R]. 2020.

[2] IEA，CSI，WBCSD. Technology Roadmap for Low Carbon Transition in the Cement Industry[R]. 2018.

[3] Low Carbon Concrete Group-The Green Construction Board：Low Carbon Concrete.

[4] Low Carbon Concrete Roadmap：Setting the Agenda for a path to Net zero. Low Carbon Concrete Group，The Green Construction Board [EB/OL]. https：//ice. org. uk.

[5] McKinsey Company. Decarbonization of Industrial Sectors：The Nextfrontier[R]. 2018.

[6] MPAUK Concrete. UK Concreteand CementIndustry Roadmap to Be yond Net Zero[EB/OL]. https：//www. agg-net. com/files/aggnet/attachments/news/mpa_uk_concrete_roadmap_to_beyond_net_Vzero_october_2020，2020.

[7] Roadmap to Carbon Neutrality A More Sustainable World is Shaped by Concrete. Published October 2021[EB/OL]. https：//www. cement. org.

[8] The GCCA 2050 Cement and Concrete Industry Roadmap for Net Zero Concrete[EB/OL]. https://gccassociation.org/concretefuture/wp-content/uploads/2021/11/GCCA-Concrete-Future-Roadmap-Mandarin.pdf.

[9] Thomas E. UK Concrete and Cementsectorsetsout "Roadmap to Beyond Net Zero". World Cement[EB/OL]. https://www.worldcement.com/europe-cis/07102020/uk-concrete-and-cement-sector-sets-out-roadmap-to-beyond-net-zero/, 2020.

[10] 本刊记者．研判水泥行业碳排放达峰的具体路径——就《中国水泥行业碳排放与达峰路径》蓝皮书的发布专访中国水泥协会秘书长王郁涛［J］．中国水泥，2021，(11)：34-37.

[11] 蔡博峰，曹丽斌，雷宇，等．中国碳中和目标下的二氧化碳排放路径［J］．中国人口·资源与环境，2021，31 (1)：7-14.

[12] 陈飞，娄婷．欧美水泥行业碳中和实施路径介绍［J］．中国水泥，2021，(12)：44-51.

[13] 陈永波．水泥行业首条烟气 CO_2 捕集纯化（CCS）技术的研究与应用［J］．新世纪水泥导报，2019，25 (3)：6-7+95.

[14] 崔素萍，刘宇．水泥碳减排潜力及评价方法研究［J］．中国水泥，2016，(1)：71-74.

[15] 德国国际合作机构—拉法基豪瑞集团．废物预处理及水泥生产过程协同处置指南——将废物作为替代燃料和原料加以利用［R］．2020.

[16] 丁美荣．水泥行业碳排放现状分析与减排关键路径探讨［J］．中国水泥，2021，(7)：46-49.

［17］范立强，王丙旭．浅谈煤矸石替代部分燃料在水泥企业的应用［J］．建材发展导向，2016，14（16）：54-56.

［18］方群，尹靖宇，李晋梅，等．水泥行业主要企业集团碳排放管理体系建设情况的分析及思考［J］．中国水泥，2019，（2）：109-111.

［19］方艳欣，田桂萍，王硕．国内外水泥窑协同处置废弃物技术综述［J］．建材发展导向，2017，15（20）：72-75.

［20］符冠云．工业领域碳达峰的新形势、新挑战及新对策［J］．环境保护，2022，50（18）：49-53.

［21］付立娟，杨勇，卢静华．水泥工业碳达峰与碳中和前景分析［J］．中国建材科技，2021，30（4）：80-84.

［22］高长明．对法国巴黎银行最新水泥工业碳中和发展报告的评介［J］．中国水泥，2021，（10）：26-29.

［23］高长明．对我国水泥窑协同处置废弃物技术发展的反思与建议［J］．新世纪水泥导报，2018，24（3）：1-4，6.

［24］高长明．2050年世界及中国水泥工业发展预测与展望［J］．新世纪水泥导报，2019，25（2）：1-3+6.

［25］高长明．水泥工业低碳转型刻不容缓［J］．新世纪水泥导报，2019，25（6）：1-3+6.

［26］高长明．水泥工业碳中和的模拟推演与研讨［J］．中国水泥，2021（4）：16-21.

［27］高长明．我国水泥工业实现碳中和的五大减碳技术路径及其权重［J］．中国水泥，2022，（8）：24-26.

［28］高旭东，东朝莉，范永斌．浅谈水泥企业绿色供应链建设

[J]. 中国水泥，2020，(2)：46-49.

[29] 高旭东. 水泥行业“十四五”绿色低碳发展中期回顾及展望 [J]. 中国水泥，2024，(4)：6-15.

[30] 顾阿伦，史宵鸣，汪澜，等. 中国水泥行业节能减排的潜力与成本分析 [J]. 中国人口·资源与环境，2012，22 (8)：16-21.

[31] 韩仲琦. 国外水泥工业消纳废弃物的现状（上）[J]. 水泥技术，2019，(6)：84-90.

[32] 韩仲琦. 国外水泥工业消纳废弃物的现状（下）[J]. 水泥技术，2020，(1)：57-61.

[33] 何峰，刘峥延，邢有凯，等. 中国水泥行业节能减排措施的协同控制效应评估研究 [J]. 气候变化研究进展，2021，17 (4)：400-409.

[34] 贺晋瑜，何捷，王郁涛，等. 中国水泥行业二氧化碳排放达峰路径研究 [J]. 环境科学研究，2022，35 (2)：347-355.

[35] 胡正夏，王飞，桑圣欢. 水泥窑利用替代燃料碳减排分析 [J]. 水泥，2022，(09)：5-7.

[36] 黄静颖，张浩，谭钦怀，等. 小型垃圾热解气化焚烧厂碳排放计算 [J]. 环境卫生工程，2021，29 (4)：1-6.

[37] 黄旭. 国际工程水泥产品标准的对比研究 [J]. 四川水泥，2019，(2)：5.

[38] 李琛. 关于水泥行业碳减排工作的几点看法 [J]. 中国水泥，2018，(12)：22-26.

[39] 李琛. 水泥节能降碳迫在眉睫产业结构调整路在何方 [J]. 中国水泥，2021 (12)：16-19.

［40］李琛．水泥行业节能降碳　能效约束双管齐下［J］．中国水泥，2021（11）：38-41.

［41］李丹，郑伟，刘彦伟．“双碳”背景下水泥行业发展之路［J］．中国水泥，2022（5）：82-84.

［42］李晋梅，尹靖宇，武庆涛，等．水泥行业碳排放计算依据对比及实例分析［J］．中国水泥，2017，（8）：83-86.

［43］李鹏鹏，任强强，吕清刚，等．面向双碳的低碳水泥原料/燃料替代技术综述［J］．洁净煤技术，2022，28（8）：35-42.

［44］李淑珍，闫浩春，刘韬，等．水泥行业碳达峰形势分析和建议［J］．中国建材科技，2022，31（1）：79-82.

［45］李婉君，王秀丹，刘正刚，等．水泥生产碳减排路径评述［J］．中国水泥，2022，（7）：24-29.

［46］李文旭，唐丽英，汪思敏，等．浅析水泥行业“碳达峰、碳中和”的有效途径［J］．四川建材，2022，48（5）：1-2.

［47］刘佳卿．关于我国水泥工业的发展前景与碳中和路径探讨［J］．陶瓷，2024，（5）：17-20.

［48］刘晶，汪澜．应用替代原料减少水泥行业 CO_2 排放实例分析［J］．新型建筑材料，2017，44（7）：97-99，118.

［49］刘立涛，张艳，沈镭，等．水泥生产的碳排放因子研究进展［J］．资源科学，2014，36（1）：110-119.

［50］刘罗茜，雷涯邻，支树洁，等．中国水泥行业点源层面 CCUS 技术减排潜力与优化部署［J］．北京理工大学学报（社会科学版），2024，26（4）：56-67.

［51］刘晓龙，葛琴，姜玲玲，等．中国煤炭消费总量控制路径

的思考［J］. 中国人口·资源与环境，2019，29（10）：160-166.

［52］鹿晓泉，日野，闫力，等 . 国内外低碳水泥体系浅析［J］. 中国水泥，2024，（5）：54-55.

［53］吕宝玉，张海涛，赵绪礼 . 水泥行业碳达峰、碳中和之浅析［J］. 中国水泥，2021，（9）：75-78.

［54］罗雷，郭旸旸，李寅明，等 . 碳中和下水泥行业低碳发展技术路径及预测研究［J］. 环境科学研究，2022，35（6）：1527-1537.

［55］落基山研究所，中国水泥协会 . 加速工业深度脱碳：中国水泥行业碳中和之路［R］. 2022.

［56］麦肯锡 . "中国加速迈向碳中和"水泥篇：水泥行业碳减排路径［R］. 2022.

［57］彭学平，陈昌华，代中元，等 . 水泥行业双碳体系下全氧燃烧碳减排技术装备研发及示范应用［J］. 水泥技术，2024，（5）：11-18.

［58］齐绍洲，徐珍珍，谭秀杰，等 . 中国碳市场产能过剩行业的碳排放配额如何分配是有效的？［J］. 中国人口·资源与环境，2021，31（9）：73-85.

［59］沈鸿海，刘宇，郑焱，等 . 水泥制造业绿色低碳技术研究进展［J］. 科技导报，2024，42（4）：21-30.

［60］孙挺 . 水泥行业碳排放核算及低碳发展路径研究［J］. 中国水泥，2022，（3）：80-83.

［61］唐丽英，李春洪，李文旭，等 . 四川省水泥行业固废资源综合利用情况及其对碳排放的影响［J］. 四川建材，2024，50（4）：11-12+53.

［62］滕飞．煤炭真实成本，如此之大？［J］．环境经济，2015（Z1）：24-25.

［63］佟庆，魏欣旸，秦旭映，等．我国水泥和钢铁行业突破性低碳技术研究［J］．上海节能，2020，（5）：380-385.

［64］王俊杰，杨华伟，湛月平，等．生物质替代燃料在水泥行业的应用进展［J］．洁净煤技术，2023，29（10）：54-65.

［65］王科，李世龙，李思阳，等．中国碳市场回顾与最优行业纳入顺序展望（2023）［J］．北京理工大学学报（社会科学版），2023，25（2）：36-44.

［66］王新频．世界水泥工业 CCUS 最新研究进展［J］．水泥，2021（3）：1-7.

［67］王新频，宋教利，李光鑫．我国水泥工业碳达峰与碳中和前景展望［J］．水泥，2021，（8）：1-9.

［68］王新频，宋教利，李光鑫．我国水泥工业碳达峰与碳中和前景展望［J］．水泥，2021（8）：1-9.

［69］王勇，张萌，曹元辉，等．电石渣水泥生产对水泥行业碳减排的影响分析［J］．水泥，2022，（7）：10-12.

［70］吴翠华，于晓华，高军政，等．典型水泥窑协同处置废弃物的碳排放核算及碳减排分析［J］．环境工程，2023，41（7）：30-36，60.

［71］夏凌风，郭珍妮，邱林，等．水泥行业碳减排途径及贡献度探讨［J］．中国水泥，2022，（11）：14-19.

［72］夏凌风，郭珍妮，叶寒韵，等．关于水泥行业燃料替代技术发展的几点思考［J］．中国水泥，2024，（5）：26-30.

［73］徐一剑，李潭峰，徐丽丽．国土空间总体规划温室气体核算模型［J］．气候变化研究进展，2022，18（3）：355-365.

［74］杨帆，徐曼，刘丹阳．碳达峰碳中和背景下水泥行业碳减排措施路径研究——以内蒙古为例［J］．环境与发展，2022，34（4）：53-60，93.

［75］杨明慧．双碳背景下海螺水泥绿色转型绩效研究［D］．哈尔滨商业大学，2024.

［76］阴音．围绕“双碳目标”实施创新驱动促进水泥行业高质量绿色发展——访中国水泥协会秘书长王郁涛［J］．中国水泥，2022，（4）：6-9.

［77］张炳康，李云玉，张欣，等．垃圾焚烧发电项目碳排放核算与减排效应研究［J］．环境保护科学，2023，49（1）：75-81.

［78］张江，王加军，言凤英．水泥窑协同处置技术实现行业碳减排面临的问题及建议［J］．中国水泥，2021，（6）：92-94.

［79］张敏娜，邓洋，钱景春，等．水泥窑协同处置废旧轮胎节煤降碳效果研究［J］．中国环保产业，2023，（6）：38-41.

［80］张忠圆，付神进．国际水泥行业发展及碳减排现状简述［J］．中国水泥，2022，（11）：20-23.

［81］赵旭东，范永斌，夏凌风．水泥行业纳入全国碳市场背景下企业的应对措施［J］．中国水泥，2024，（6）：6-13.

［82］中国水泥协会，落基山研究所．加速工业深度脱碳：中国水泥行业碳中和之路［R］．2022.

［83］周绍波，张玲，郭婷婷．云南省水泥行业 CO_2 减排潜力分析［J］．建材发展导向，2018，16（20）：57-62.

［84］朱刚. 碳中和目标下的水泥工业低碳技术研究［J］. 水泥工程，2022（4）：1-4+21.

［85］朱书涵，陆一磊，王松伟，等. 2020—2050 年我国水泥行业二氧化碳排放特征及减排潜力研究［J］. 环境科学学报，2024，44（2）：453-463.

［86］朱淑瑛. 中国水泥行业低碳技术减排潜力及成本研究［D］. 北京化工大学，2023.

［87］朱哲，王胜杰，刘帅，等. 水泥行业碳达峰碳中和标准体系建设研究［J］. 水泥，2024，（2）：17-19.

附录1　熟料的过程排放因子及常用非碳酸盐替代原料的扣减系数

附表1.1　熟料的过程排放因子

名称	过程排放因子（tCO_2/t）
硅酸盐水泥熟料	0.535
白色硅酸盐水泥熟料	0.550
硫（铁）铝酸盐水泥熟料	0.413
铝酸盐水泥熟料（有过程排放）	0.292

资料来源：生态环境部《企业温室气体排放核算与报告指南水泥行业（CETS—AG—02.01—V01—2024）》。

附表1.2　常用非碳酸盐替代原料的扣减系数

名称	过程排放因子（tCO_2/t）
脱硫粉剂（氢氧化钙）、熟石灰	0.600
电石渣、镁渣	0.480
造纸白泥、氟化钙污泥、磷渣	0.375
钒钛渣、氮渣、飞灰、铁合金炉渣	0.305
脱硫石膏、磷石膏、钛石膏、氟石膏、硼石膏、模型石膏、柠檬酸渣	0.245
钢渣、镍渣	0.215
锰渣、锌渣、锡渣	0.135
市政污泥、铝渣、硫酸渣、铜渣、铅锌渣、粉煤灰、赤泥	0.055

资料来源：生态环境部《企业温室气体排放核算与报告指南　水泥行业（CETS—AG—02.01—V01—2024）》。

附录2　水泥和熟料主要能耗限额指标的国家标准

附表 2.1　水泥单位产品综合能耗限额等级

指标名称	能耗限额等级		
	1 级	2 级	3 级
水泥单位产品综合能耗/(kgce/t)	≤80	≤87	≤94

资料来源：《水泥单位产品能源消耗限额》（GB16780—2021）。

附表 2.2　熟料单位产品综合能耗、综合电耗与综合煤耗限额等级

指标名称	能耗限额等级		
	1 级	2 级	3 级
熟料单位产品综合能耗/(kgce/t)	≤100	≤107	≤117
熟料单位产品综合电耗/(kW·h/t)	≤48	≤57	≤61
水泥单位产品综合煤耗/(kgce/t)	≤94	≤100	≤109

资料来源：《水泥单位产品能源消耗限额》（GB16780—2021）。

附表 2.3　水泥制备工段电耗限额等级

指标名称	能耗限额等级		
	1 级	2 级	3 级
水泥制备工段电耗/(kW·h/t)	≤26	≤29	≤34

资料来源：《水泥单位产品能源消耗限额》（GB16780—2021）。

附录 3　水泥行业碳减排重要政策文件

附表 3.1　“双碳”战略提出以来水泥行业碳减排重要政策文件

文件名称	发布部门	发布时间	主要内容
一、综合性政策文件			
《关于加快建立健全绿色低碳循环发展经济体系的指导意见》	国务院	2021 年 2 月	从生产、流通、消费、基础设施、绿色技术、法律法规政策等 6 方面对绿色低碳循环发展作出了部署安排，并明确了 85 项重点任务。 提出要推进工业绿色升级，加快建材等行业绿色化改造；推行产品绿色设计，建设绿色制造体系；建设资源综合利用基地，促进工业固体废物综合利用；全面推行清洁生产，依法在“双超双有高耗能”行业实施强制性清洁生产审核；等等
《关于完整准确全面贯彻新发展理念做好碳达峰碳中和工作的意见》	中共中央 国务院	2021 年 9 月	对碳达峰碳中和工作作出系统谋划，提出了推进经济社会发展全面绿色转型、深度调整产业结构、加快构建清洁低碳安全高效能源体系、加快推进低碳交通运输体系建设、提升城乡建设绿色低碳发展质量等重大举措。 提出要制定建材等行业碳达峰实施方案；以节能降碳为导向，修订产业结构调整指导目录；推进工业领域低碳工艺革新和数字化转型；新建、扩建水泥等高耗能高排放项目严格落实产能等量或减量置换；提升高耗能高排放项目能耗准入标准；加强产能过剩分析预警和窗口指导；等等

续表

文件名称	发布部门	发布时间	主要内容
《2030年前碳达峰行动方案》	国务院	2021年10月	聚焦"十四五"和"十五五"两个碳达峰关键期，提出了提高非化石能源消费比重、提升能源利用效率、降低二氧化碳排放水平等方面主要目标和能源转型、节能降碳、工业、城乡建设、交通、循环经济、碳汇等方面"碳达峰十大行动"。 提出要推动建材行业碳达峰，加强产能置换监管，加快低效产能退出，严禁新增水泥熟料产能，引导建材行业向轻型化、集约化、制品化转型；推动水泥错峰生产常态化，合理缩短水泥熟料装置运转时间；因地制宜利用风能、太阳能等可再生能源，逐步提高电力、天然气应用比重；鼓励建材企业使用粉煤灰、工业废渣、尾矿渣等作为原料或水泥混合材；推进绿色建材产品认证和应用推广，加强新型胶凝材料、低碳混凝土、木竹建材等低碳建材产品研发应用；推广节能技术设备，开展能源管理体系建设，实现节能增效；等等
《关于全面推进美丽中国建设的意见》	中共中央国务院	2023年12月	提出到2027年和到2035年美丽中国建设的主要目标、重大任务和重大改革举措，对于统筹产业结构调整、污染治理、生态保护、应对气候变化，协同推进降碳、减污、扩绿、增长等具有重大意义。 提出开展减污降碳协同创新试点；逐年编制国家温室气体清单；进一步发展全国碳市场，稳步扩大行业覆盖范围，丰富交易品种和方式，建设完善全国温室气体自愿减排交易市场；大力推进传统产业工艺、技术、装备升级，实现绿色低碳转型，实施清洁生产水平提升工程；健全资源环境要素市场化配置体系，把碳排放权、用能权、用水权、排污权等纳入要素市场化配置改革总盘子；等等

续表

文件名称	发布部门	发布时间	主要内容
《碳排放权交易管理暂行条例》	国务院	2024年1月	从六个方面构建了碳排放权交易管理的基本制度框架：一是注册登记机构和交易机构的法律地位和职责，二是碳排放权交易覆盖范围以及交易产品、交易主体和交易方式，三是重点排放单位确定，四是碳排放配额分配，五是排放报告编制与核查，六是碳排放配额清缴和市场交易。在防范和惩处碳排放数据造假行为方面，从四个方面作了规定：一是强化重点排放单位主体责任，二是加强对技术服务机构的管理，三是强化监督检查，四是加大处罚力度
《关于加快经济社会发展全面绿色转型的意见》	中共中央 国务院	2024年7月	围绕空间格局、产业结构、能源、交通、城乡建设5大领域和实施全面节约战略、推动消费模式绿色转型、发挥科技创新支撑作用3大环节，部署加快形成节约资源和保护环境的空间格局、产业结构、生产方式、生活方式。 提出要推动建材等行业绿色低碳转型，推广节能低碳和清洁生产技术装备，推进工艺流程更新升级；优化产能规模和布局，持续更新土地、环境、能效、水效和碳排放等约束性标准，以国家标准提升引领传统产业优化升级，建立健全产能退出机制；合理提高新建、改扩建项目资源环境准入门槛，坚决遏制高耗能、高排放、低水平项目盲目上马；支持企业用数智技术、绿色技术改造提升传统产业；等等
《加快构建碳排放双控制度体系工作方案》		2024年7月30日	对2025年前、“十五五”时期和碳达峰后3个阶段构建碳排放双控制度体系作出工作部署。提出将碳排放指标纳入国民经济和社会发展规划，提出完善碳排放相关规划制度、建立地方碳排放目标评价考核制度、探索重点行业领域碳排放预警管控机制、完善企业节能降碳管理制度、开展固定资产投资项目碳排放评价和加快建立产品碳足迹管理体系等方面的任务

续表

文件名称	发布部门	发布时间	主要内容
二、工业领域和建材、水泥行业政策文件			
《工业领域碳达峰实施方案》	工业和信息化部、国家发展改革委、生态环境部	2022 年 7 月	部署了“十四五”及“十五五”时期工业领域绿色低碳转型的总体要求、重点任务、重大行动、政策保障及组织实施工作，指明深度调整产业结构、深入推进节能降耗、积极推进绿色制造、大力发展循环经济、加快工业绿色低碳技术变革、加快推进工业领域数字化转型六个方面的重点任务，提出重点行业达峰、绿色低碳产品供给提升两个重大行动。 提出要严格执行水泥产能置换政策，依法依规淘汰落后产能；加快全氧、富氧、电熔等工业窑炉节能降耗技术应用，推广水泥高效篦冷机、高效节能粉磨、低阻旋风预热器、浮法玻璃一窑多线、陶瓷干法制粉等节能降碳装备；到 2030 年，原燃料替代水平大幅提高，突破玻璃熔窑窑外预热、窑炉氢能煅烧等低碳技术，在水泥等行业改造建设一批减污降碳协同增效的绿色低碳生产线，实现窑炉碳捕集利用封存技术产业化示范；等等
《建材行业碳达峰实施方案》	工业和信息化部等四部门	2022 年 11 月	按照国家总体部署，结合建材行业实际情况，提出 2030 年前建材行业实现碳达峰，并鼓励有条件的行业率先达峰。提出了强化总量控制、推动原料替代、转换用能结构、加快技术创新、推进绿色制造五方面重点任务。 提出严格落实水泥行业产能置换政策，加大对过剩产能的控制力度，坚决遏制违规新增产能；强化产业间耦合，加快水泥行业非碳酸盐原料替代，全面降低水泥生产工艺过程的二氧化碳排放；支持利用水泥窑无害化协同处置废弃物；提高水泥产品质量和应用水平，促进水泥减量化使用；提升水泥行业燃煤替代率；加快清洁绿色能源应用；提高能源利用效率水平；加快研发重大关键低碳技术；加快推广节能降碳技术装备；以数字化转型促进行业节能降碳；等等

续表

文件名称	发布部门	发布时间	主要内容
《绿色建材产业高质量发展实施方案》	工业和信息化部等十部门	2023 年 12 月	围绕绿色建材生产、产品、应用和支撑四个维度，提出了“推动生产转型，提升产业内生力；实施‘三品’行动，提升产业影响力；加快应用拓展，提升产业增长力；夯实行业基础，提升产业支撑力”四方面重点任务。 提出支持水泥等重点行业开展节能降碳减污技术集成应用；鼓励替代能源在水泥等工业窑炉中的应用；开展品种培优，加快水泥等基础原材料的低碳化、制品化发展；鼓励企业建立满足绿色建材生产的全过程控制及质量管控体系；提高工程项目中低碳水泥、高性能混凝土等绿色建材的应用比例；加强水泥等产品强制性标准宣贯；开展水泥等产品追溯标准编制；等等
《工业领域碳达峰碳中和标准体系建设指南》	工业和信息化部办公厅	2024 年 2 月	提出工业领域碳达峰碳中和标准体系框架，包括基础通用、核算与核查、技术与装备、监测、管理与评价规划五大类标准，规划了重点标准的研制方向
《推动工业领域设备更新实施方案》	工业和信息化部等七部门	2024 年 4 月	提出实施先进设备更新行动、实施数字化转型行动、实施绿色装备推广行动、实施本质安全水平提升行动四方面重点任务。 提出针对生产设备整体处于中低水平的行业，加快淘汰落后低效设备、超期服役老旧设备；建材行业以现有水泥等领域减污降碳、节能降耗为重点，改造提升原料制备、窑炉控制、粉磨破碎等相关装备和技术；面向建材等已出台取（用）水定额国家标准的行业，推进工业节水和废水循环利用，改造工业冷却循环系统和废水处理回用等系统，更新一批冷却塔等设备；等等

续表

文件名称	发布部门	发布时间	主要内容
《水泥行业节能降碳专项行动计划》	国家发展改革委等五部门	2024 年 5 月	锚定 2025 年和 2030 年两个时间节点，细化提出水泥熟料产能布局、能效水平、节能降碳效果等主要目标；提出优化产业布局和产能调控、加快节能降碳改造和用能设备更新、实施低碳燃料替代、推动水泥生产方式和产品绿色转型、推进资源循环利用、提升数字化管理水平 6 方面重点任务。 提出推进破碎、熟料煅烧等系统改造，支持窑炉燃烧器、篦式冷却机、辊压机等整体更新换代；推进水泥窑生物质燃料利用，支持替代燃料高热值、低成本、标准化预处理；支持发展低钙水泥熟料、低熟料系数水泥、硫（铁）铝酸盐等特种水泥，推动专用水泥、低碳水泥等规模化生产；在保障产品质量前提下，推动以电石渣、磷石膏等含钙工业废渣资源替代石灰石作为水泥生产原料；引导企业一体推进数字化能源管理和碳排放管理，协同推进用能数据与碳排放数据收集、分析和管理；等等
《企业温室气体排放核算与报告指南　水泥行业（CETS—AG—02. 01—V01—2024）》	生态环境部办公厅	2024 年 9 月	规定了水泥行业企业的熟料生产设施层级和企业层级的温室气体排放核算与报告要求，包括核算边界和排放源确定、熟料生产排放核算要求及排放量计算、企业层级排放核算要求及排放量计算、生产数据核算要求、数据质量控制方案要求、定期报告要求和信息公开格式要求等。适用于纳入全国碳排放权交易市场的水泥行业企业的温室气体排放核算和报告，对于水泥行业企业存在发电设施和其他非水泥熟料产品生产设施的，其温室气体排放应按照适用行业的核算与报告指南进行核算与报告

续表

文件名称	发布部门	发布时间	主要内容
《企业温室气体排放核查技术指南　水泥行业（CETS—VG—02.01—V01—2024）》	生态环境部办公厅	2024 年 9 月	适用于省级生态环境主管部门组织的对全国碳排放权交易市场水泥行业重点排放单位熟料生产设施层级温室气体排放报告的核查，对核查的原则、依据、内容与要点等方面进行了规定。对水泥行业未纳入全国碳排放权交易市场的其他熟料生产设施层级排放报告的核查，以及基于科研等其他目的的核查，也可参考本指南执行

资料来源：作者整理。